**야생동물들의 느낌과 생각, 전**

〈야생동물들의 느낌과 생각, 전〉은 2014년 3월 22일 서울 세종문화회관에서 첫 선을 보인
〈와일드라이프, 사진전 & 증강현실체험전(전시 감독 박기덕)〉의 사진전 부문 명칭입니다.

# 야생동물들의 느낌과 생각,展
# WILDLIFE photographs

사진 **그렉 뒤 토이 (외)** + 편집과 글 **이상영**

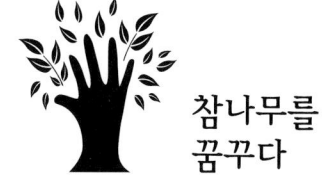

참나무를
꿈꾸다

**야생동물들의 느낌과 생각, 전**

2014년 3월 21일 초판 1쇄 발행

사진   그렉 뒤 토이 외 53인
편집과 글   이상영
편집 디자인   이기준

발행처   참나무를꿈꾸다
등록번호   제395-2011-000080호
등록일자   2011년 5월 4일
전화   011-270-2621
이메일   oaklike@naver.com

유통처   (주)지형
전화   02-333-3953
팩시밀리   02-333-3954

ISBN   979-11-952420-0-9  16490

가격   2만 5,000원

# 야생동물들의 느낌과 생각, 전(展)에 대하여

## 야생동물들의 느낌과 생각에 대하여

동물학을 공부하는 이들이 자주 듣는 말 중 하나는 의인화(擬人化)를 피하라는 말입니다. 사람의 언어로 동물들을 표현하는 의인화는 동물들이 사람과 같은 느낌과 생각을 가지고 있을 리 없다는 점에서 지나치게 비과학적이라는 것입니다.

그렇지만 이번 〈야생동물들의 느낌과 생각, 전〉을 보면 야생동물들을 사람처럼 생각할 수밖에 없습니다. 사진 속 야생동물들의 표정과 몸짓은 우리 사람들의 그것과 아주 흡사해 보이고, 녀석들이 보여주는 상황극 또한 우리 사람들의 그것과 크게 달라 보이지 않습니다. 녀석들은 마치 자신이 사람이기라도 한 것처럼 긴장감 넘치는 표정과 몸짓으로 드라마처럼 극적인 상황을 만들어냅니다. 녀석들 또한 우리 사람들처럼 '감정적으로 느끼고 지적(知的)으로 생각하는' 것이 아닐까, 싶을 정도입니다.

그렇다면 무슨 이유일까요? 이유는 간단합니다. 야생동물들 또한 사람과 비슷한 '느낌과 생각'을 가지고 있기 때문입니다. 사진가들은 단지 야생동물들이 보여주는 느낌과 생각의 가장 결정적인 순간을 프레임 안으로 옮겨 담았을 뿐입니다.

기쁨, 즐거움, 두려움, 공포, 사랑, 슬픔, 고통, 행복 따위는 사람만의 전유물이 아닙니다. 야생동물들 또한 먹잇감을 얻거나 편안한 보금자리를 확보하면 기뻐하고 즐거워합니다. 포식자로부터 추격을 당하거나 홀로 위험한 상황에 빠질 때는 두려움과 공포를 느낍니다. 한없이 사랑스러운 새끼를 위해 목숨을 바쳐 싸우기도 하고 새끼를 잃기라도 하면 더할 수 없는 비탄과 슬픔에 잠깁니다. 지각력, 기억력, 추리력, 판단력 따위의 '생각하는 능력'도 우리들 사람만 가지고 있는 것이 아닙니다. 이미 여러 가지 감정을 느낀다는 사실 자체가 생각할 줄 아는 녀석들의 능력을 입증하는 것입니다.

사진 속 야생동물들의 모습은 사랑스럽고 정겹습니다. 이는 녀석들 또한 우리 사람들과 같은 느낌과 생각을 가지고 있는 존재이기 때문입니다. 그렇지 않았다면 우리에게 녀석들의 모습이 이처럼 사랑스럽고 정겨울 까닭이 없습니다.

# 야생동물 사진가들의 기다림에 대하여

자신 또한 좋은 촬영 장비를 가지고 있었다면 찍을 수 있었을 것이라고 생각할지도 모릅니다. 자신 또한 마침 운 좋게 그 장소를 지나가고 있었다면 찍을 수 있었을 것이라고 여길지도 모릅니다. 물론 정말 그랬을 수 있습니다. 그렇지만 이번 〈야생동물들의 느낌과 생각, 전〉을 보면 좋은 촬영 장비와 약간의 행운만으로는 부족하다는 사실을 인정할 수밖에 없습니다.

사진 속 야생동물들의 모습은 놀랍도록 아름답습니다. 하지만 녀석들은 이처럼 아름다운 모습을 우리 사람들에게 보여주기는커녕 자신들의 존재조차 숨겨버리는 경우가 더 많습니다. 녀석들에게 우리 사람들은 가만히 다가오는 것만으로도 뭔가 나쁜 영향을 미치는 두려움과 회피의 대상이기 때문입니다. 이런 까닭으로, 오로지 상상할 수 없을 만큼의 끈기를 가진 사진가들만이 이처럼 아름다운 사진을 촬영할 자격을 얻습니다.

오랜 기다림은 야생동물 사진가들의 가장 기본적인 덕목이면서 동시에 가장 특별한 촬영 비결이기도 합니다. 사진가들은 야생동물들이 사진가를 자신들 생태계의 일원으로 받아들여줄 때까지, 그래서 스스럼없이 사진가에게 손을 내밀어줄 때까지 기다리고 또 기다립니다. 또는 사진가에게서 사람으로서의 냄새와 흔적이 완전히 사라져 버려서 야생동물들이 사진가의 존재를 신경쓰지 않게 될 때까지 하염없이 기다립니다. 때로는 야생동물들의 똥 위에서 며칠씩, 때로는 들끓는 해충에 시달리면서 몇 개월씩, 즐거운 기대감에 들떠서 말입니다.

사진가들은 또한 주도면밀한 촬영 계획을 세우기 위해 야생동물들의 습관에 대해 동물학자 못지않게 열심히 연구합니다. 그래도 대상의 핵심을 파악해 이를 조형적으로 구성해내는 화가의 심미안, 야생동물들과 따스한 교감을 나누는 시인의 마음을 가지고 있지 않다면, 이처럼 어마어마하게 아름다운 사진은 얻기 힘듭니다.

야생동물 사진가들의 목표는 단지 시각적인 만족이 아닙니다. 이들은 사진이라는 강력한 도구를 가지고, 야생동물 생태계의 보존에 대해 폭넓은 공감대를 형성하고자 합니다. 우리 사람들의 나쁜 영향으로 인해 '지금 이 아름다운 야생동물들의 생태계가 무너질 위기'에 처해 있기 때문입니다.

# 야생동물 사진전 기획자의 생각에 대하여

거실에 전시할 가죽이나 뿔을 얻으려는 트로피 사냥꾼들의 모습은 불끈, 격한 분노를 불러일으킵니다. 의학적 근거도 없는 약재를 얻으려는 밀렵꾼들의 행태는 벌컥, 욕설을 내뱉도록 만듭니다. 경제적 이득을 얻으려는 가난한 나라 사람들의 잔혹한 야생동물 착취 또한 울컥—, 눈물겹습니다.

그렇지만 이런 충격적인 모습들보다는 마치 사람 같은, 아름답고 멋진 야생동물들의 모습을 보여주고자 했습니다. 녀석들이 터무니없는 고통과 굴욕을 당하는 모습보다는 우리 야생동물 생태계의 일원으로 살아가는 녀석들의 자부심 넘치는 모습을 보여주고자 했습니다. (야생동물들의 입장에서도 고통과 굴욕을 당하는 자신들의 모습은 보여주고 싶지 않았을 것입니다.) 이로써 여러분들로 하여금 우리 사람들의 나쁜 영향으로부터 자유로운 100년 전, 혹은 200년 전 야생의 공간에서 활보하고 있는 녀석들의 모습을 상상해 볼 수 있도록 하고 싶었습니다.

야생동물들의 삶에 나쁜 영향을 미치는 것은 직접적인 공격만이 아닙니다. 농장과 탄광 개발로 인한 서식지 파괴, 먹잇감을 없애버리는 기후 변화 유발 등은 오히려 직접적인 공격보다 더 강력하고 광범위하게 야생동물들의 생태계를 무너뜨립니다. 그리고 이런 부분에 있어서는 우리들 모두가 책임을 피할 수 없습니다.

야생동물들은 우리 사람들의 편익과 탐욕을 위해 존재하는 '자원'도 아니고 '상품'도 아닙니다. 녀석들은 느낌과 생각을 가진 당당한 생명체입니다. 녀석들은 더 이상 지금처럼 부당한 대우를 받아야 할 이유가 없습니다.

글   이상영 (사진전 기획자, 참나무를꿈꾸다 대표)

# "야생동물, 네가 있어 줘서 고맙다!"

지난해 연말 유엔총회에서는 회원국이 '세계 야생동물의 날'을 지정해 기념하자는 결의안을 통과시켰다. 많고 많은 기념일을 하나 더 만들자는 것이 아니었다. 유엔은 이 결의안을 설명하면서 1950년부터 12월 10일을 '세계 인권의 날'로 기념하기 시작했음을 상기시켰다. 인간의 권리를 천명한 지 64년 만에 야생동물에게도 '네가 존재할 권리를 인정한다'라고 선언한 것이다.

야생동물이 소중하다는 걸 부정하는 사람은 없을 것이다. 어떤 이는 야생동물의 유전적 가치를, 또 어떤 이는 미적 가치를 주장할 것이다. 야생동물이 고기를 주어 소중하다는 사람도 있다. 다시 말해 인간이 더 잘 살기 위해 야생동물이 필요하다는 주장은 널려 있다. 유엔도 이런 점을 들어, "야생동물이 인간 복지를 위해 생태적, 유전적, 사회적, 경제적, 과학적, 교육적, 문화적, 여가와 미적 기여를 한다는 사실을 재확인한다"라고 밝히고 있다.

그러나 유엔이 총회에서 결의안까지 통과시킨 까닭은 단지 야생동물이 사람에게 이롭다는 얘기를 하려고 한 것은 아니다. 결의안은 야생동물이 지닌 내재적 가치(intrinsic value)를 경제적 가치 등 다른 다양한 가치에 앞서 언급하고 있어 눈길을 끈다. 우리가 야생동물을 생각할 때 가장 낯선 접근 방식, 곧 '무엇에 좋다'는 게 아니라 '그 자체로 좋다'는 개념이다. 야생동물은 존재 자체로서 의미가 있다는 것을 유엔의 결의안은 말하고 있는 것이다.

우리나라도 지난 3월 3일 아마도 세계에서 가장 먼저 환경부가 '제1회 야생동물의 날' 기념식을 열어 그 뜻을 기렸다. 동물 학대와 야생동물 밀렵이 끊이지 않고 있는 현실에서 야생동물에게 "그저 네가 있어 줘서 고맙다"라고 말하기는 쑥스럽다. 하지만 야생동물에 대한 인식이 조금씩 바뀌고 있는 것도 사실이다. 우리는 농작물에 피해를 끼치는 유해 조수라며 수많은 고라니와 까치를 포수를 동원해 죽이고 있지만, 동시에 자동차나 유리창에 부딪쳐 부상당한 이들을 야생동물구조센터에서 수의사가 많은 돈을 들여가며 정성껏 치료해 자연으로 돌려보내고 있기도 하다.

야생동물에 대한 인식을 높이기 위해 꼭 필요한 것은 야생동물에 관해 아는 것이다. 야생동물의 세계에는 얼마나 놀라운 일이 벌어지고 있는지, 그리고 그들의 아름다움이 얼마나 감동을 주는지를 두 눈으로 보는 것보다 효과적인 방법은 없다. 〈야생동물들의 느낌과 생각, 전〉은 그런 점에서 아주 시기적절하다.

야생동물 연구자들의 최신 성과를 보면, 우리가 야생동물에 대해 모르는 것이 너무 많았음을 새삼 깨닫게 된다. 무엇보다 야생동물도 인간 못지않게 생각하고 느끼는 동물이라는 사실이 차츰 드러나고 있다. 인간만의 전유물처럼 믿었던 고통을 느끼고 공감하고 소통하는 능력이 고등 척추동물은 물론이고 일부 무척추동물에서까지 발견되어 놀라움을 주고 있다.

자연에서 야생동물을 직접 관찰해 본 사람이라면 이 사진전에서 선보이는 작품이 얼마나 오랜 인내와 고통 끝에 얻은 성과인지 짐작할 수 있을 것이다. 야생동물과 공감하고 소통하려는 마음가짐과 노력을 하지 않는 이에게 자연은 그저 볼품없는 대상일 뿐이다. 그런 점에서 이번 사진전은 자연에 대한 새로운 마음의 눈을 뜨는 계기가 될 수 있을 것이다.

글   조홍섭 (〈한겨레〉 환경전문기자)

※이 사진집에는 페이지 표시가 없습니다. 하지만 새들, 육식동물들, 초식동물들, 파충류와 양서류들, 물짐승들, 영장류들 무리를 어림짐작으로 따라가다 보면 보고 싶은 야생동물의 사진을 찾을 수 있을 것입니다. 물론 때로는 다른 녀석에게 먼저 시선을 빼앗길지도 모릅니다만, 이는 오히려 권하고 싶은 바입니다.

# 하늘의 새들
# MIDAIR BIRDS

강하고 유연한 날개를 위아래로 움직여 몸을 공중으로 띄울 수 있다. 뼛속을 비우고 이빨을 없애는 등 몸무게를 줄임으로써 비행 능력을 극대화시켰다. 이빨을 없앴기 때문에 모래를 삼켜 먹잇감을 부수는 데 이용한다. 비행(飛行)은 물론, 단열, 방수, 장식 등의 다목적 기능을 갖춘 깃털을 가지고 있다. 먹잇감을 에너지로 전환시키는 에너지 대사 속도가 매우 빠르다. 항온동물 중 가장 높은 40~43°C의 체온을 유지하며 죽음 직전의 한계 상황에서 살아간다. 덕분에 지구상 어디에서라도, 어떤 악조건에서라도 살아갈 수 있다.

'경이로운 진화의 걸작'으로 일컬어지는 깃털을 가지고 있다.

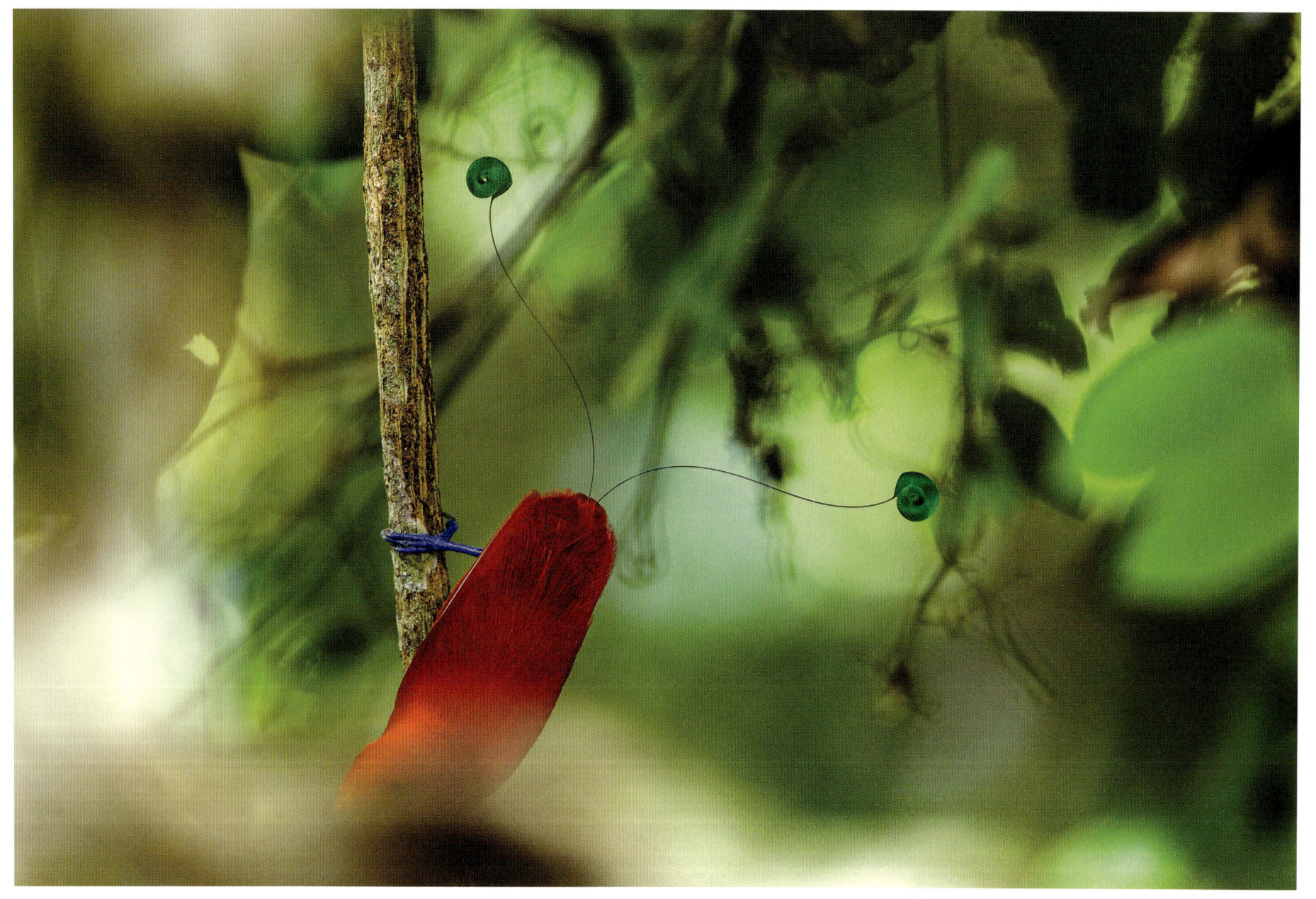

**수컷 왕극락조의 화려한 유혹**

뉴기니 섬의 수컷 왕극락조가 나뭇가지에 앉아 매혹적인 몸 장식을 뽐내고 있다. 소용돌이 모양으로 매달린 녹색 꼬리깃털도 놀랍지만 진홍색 몸깃털과 파란색 발 또한 예사롭지 않다. 이처럼 화려한 녀석의 몸 장식은 암컷을 유혹하고자 하는, 강렬한 충동이 만들어낸 오랜 진화의 결과물이다. © Tim Laman / naturepl.com,, King Bird of Paradise,, Papua New Guinea

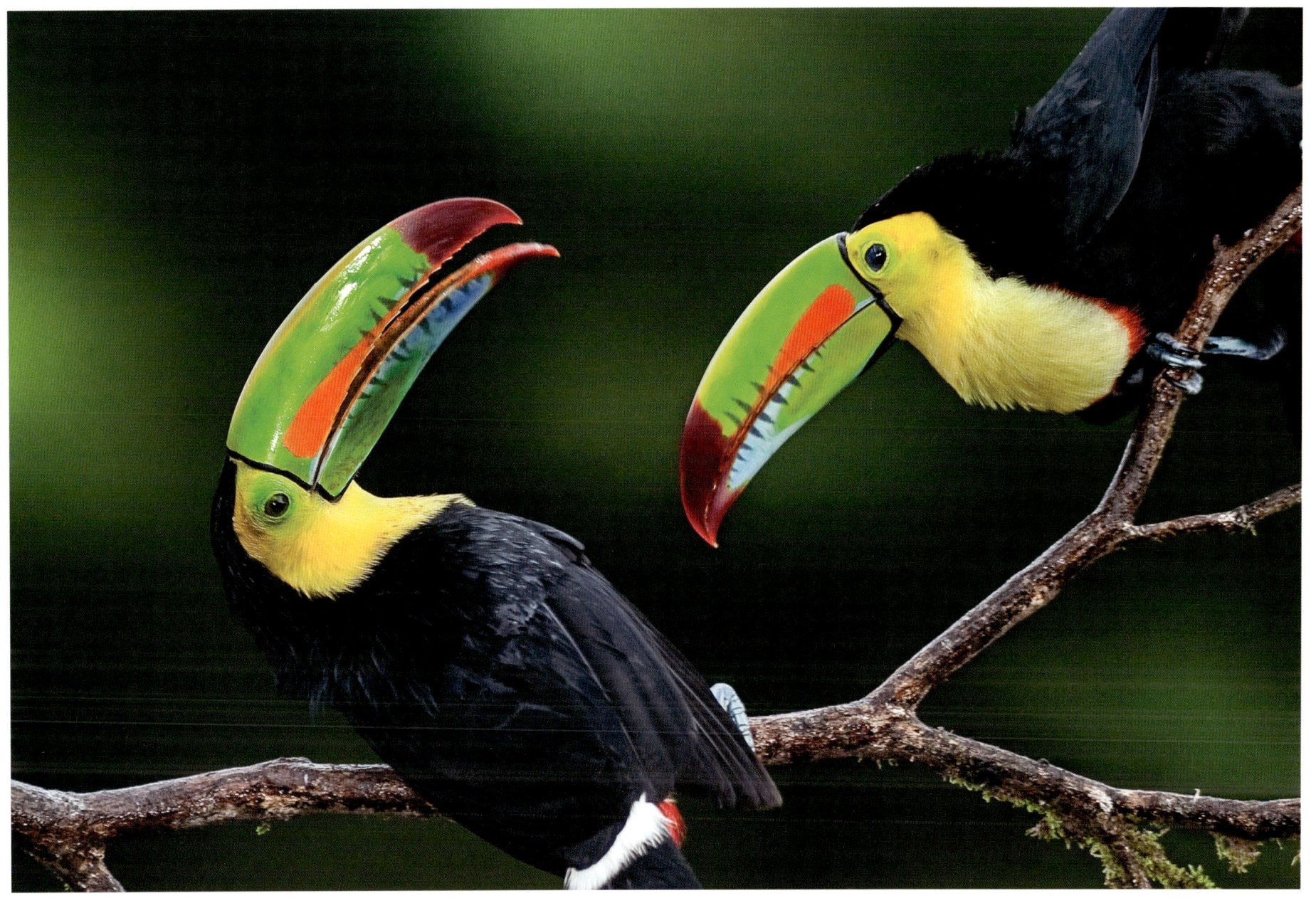

## 무지개큰부리새의 체온 조절용 부리

아담한 몸통에 비해 우스꽝스러울 정도로 큰 부리가 눈길을 사로잡는다. 코스타리카 북부 열대우림의 무지개큰부리새들은 이처럼 큰 부리를 가지고 작은 동물들을 잡거나 열매의 껍질을 벗긴다. 하지만 녀석들은 자신들의 부리를 '열(熱) 창'으로 사용하기도 한다. 부리 속에 촘촘하게 얽혀 있는 혈관으로 보내는 피의 양을 조절함으로써 체온을 올리거나 내리는 것이다. © Bence Máté / Wildlife Exhibition Korea,, Keel-billed Toucan,, Santa Rita, Costa Rica

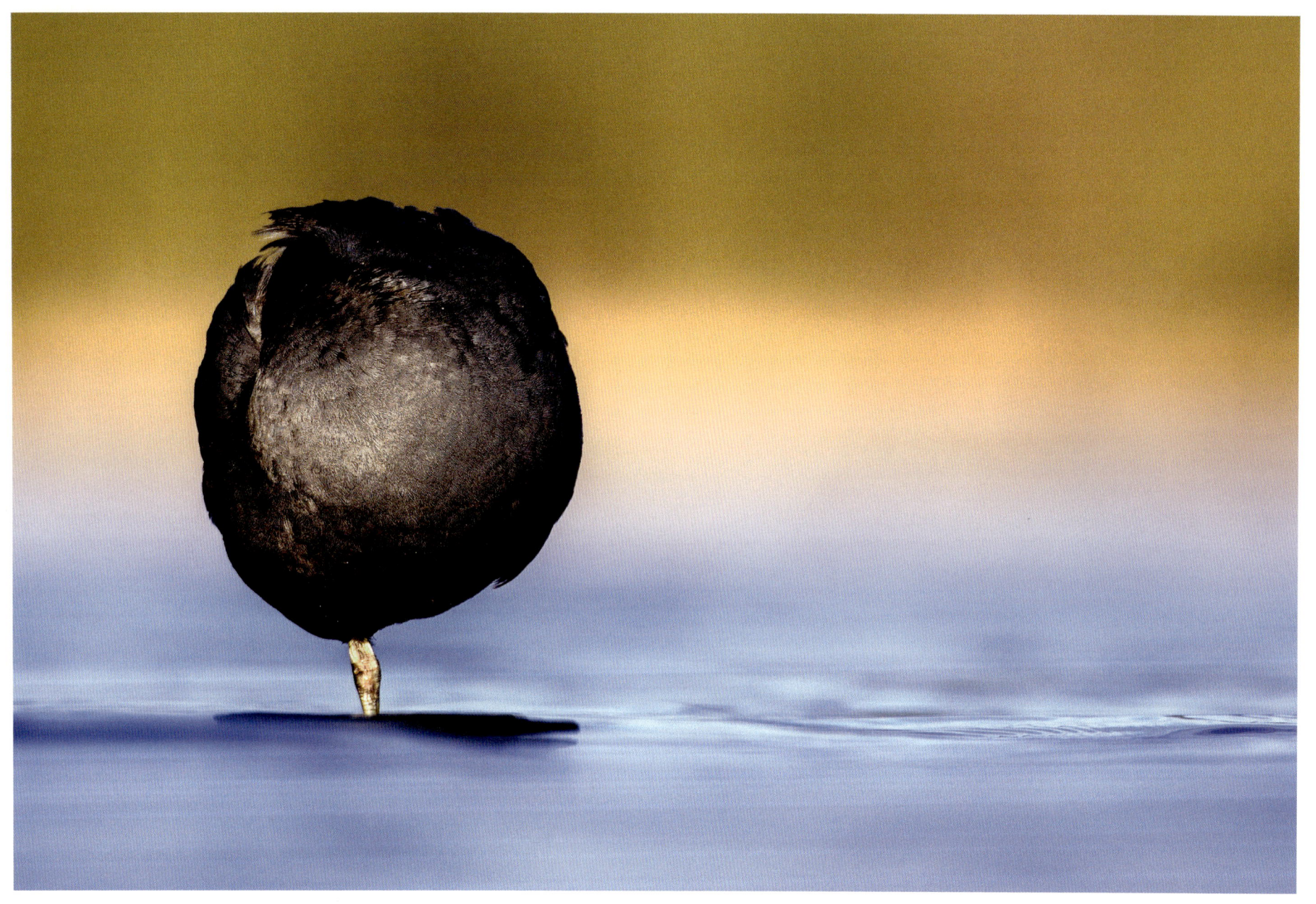

## 체열 발산을 줄이려는 '검은 공', 물닭

체열 발산을 최소화하기 위해 부리를 깃털 속으로 쑤셔 넣고 외다리로 서 있는 물닭의 모습이 '검은 공' 같다. 물속의 수초(水草)나 작은 무척추 동물을 먹고 사는 물닭은 먹잇감을 수면 위로 가지고 올라온다. 이 때문에 물닭들 중에는 남의 먹잇감을 훔쳐 가는, 욕심 많은 녀석도 없지 않다. © Andrew Parkinson / naturepl.com,, Coot,, Derbyshire, United Kingdom, March

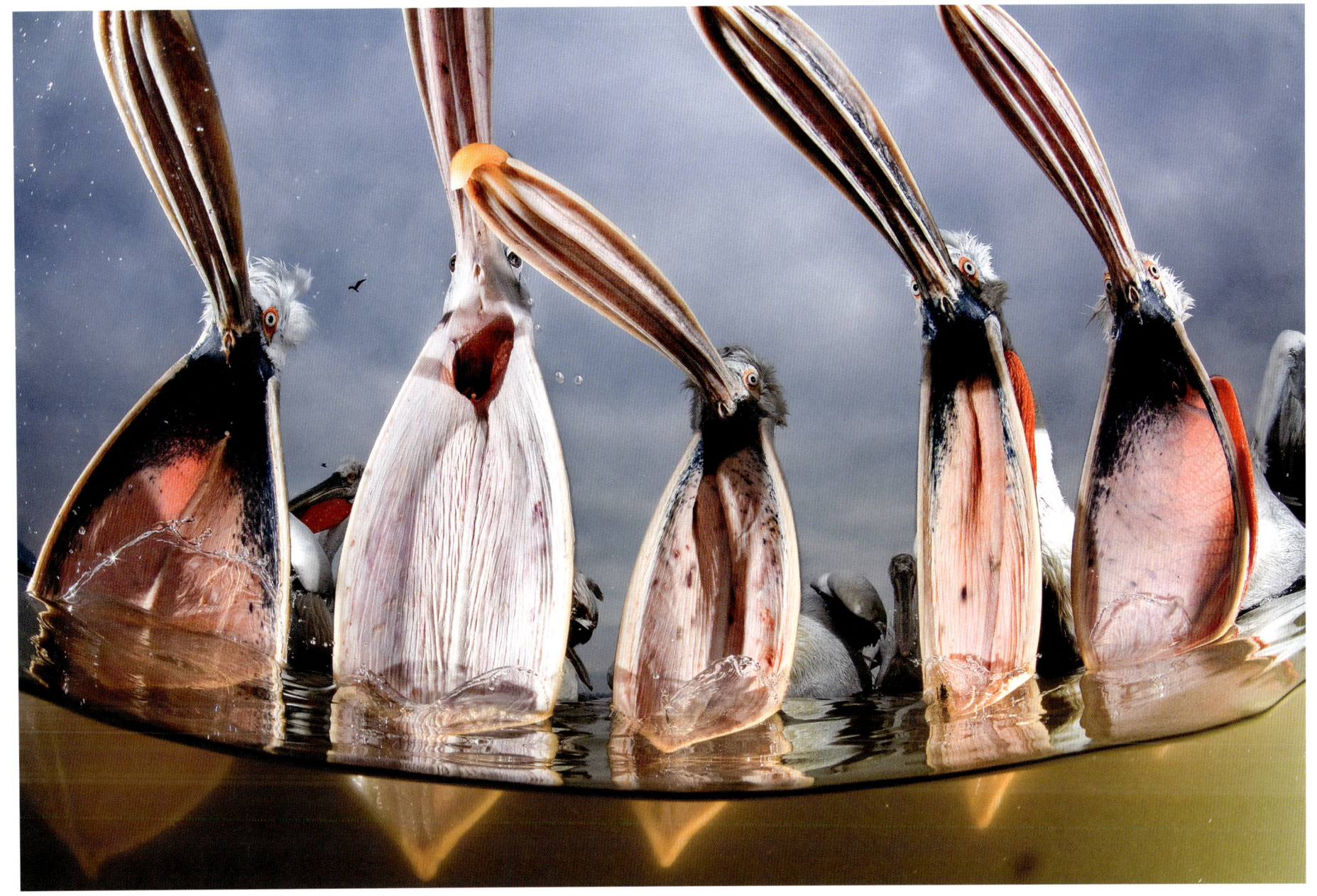

## 회색사다새 무리가 입주머니를 벌린 까닭

함께 헨델의 할렐루야 코러스라도 부르고 있는 것일까? 그리스의 케르키니 호수에서 회색사다새 무리가 어부들이 던져주는 작은 물고기를 노리고 일제히 목주머니를 벌리고 있다. 회색사다새는 보통은 뱀장어, 새우 등과 같은 작은 수중생물들을 잡아먹는다. © Bence Máté / Wildlife Exhibition Korea,, Dalmatian Pelican,, Lake Kerkini, Greece, February

※사진가는 직접 고안한 수중 사진기 상자를 뗏목처럼 물에 띄운 후 원격 조종으로 이 사진을 촬영했다. 덕분에 잡아먹히는 물고기의 눈으로 녀석들을 바라볼 수 있었다.

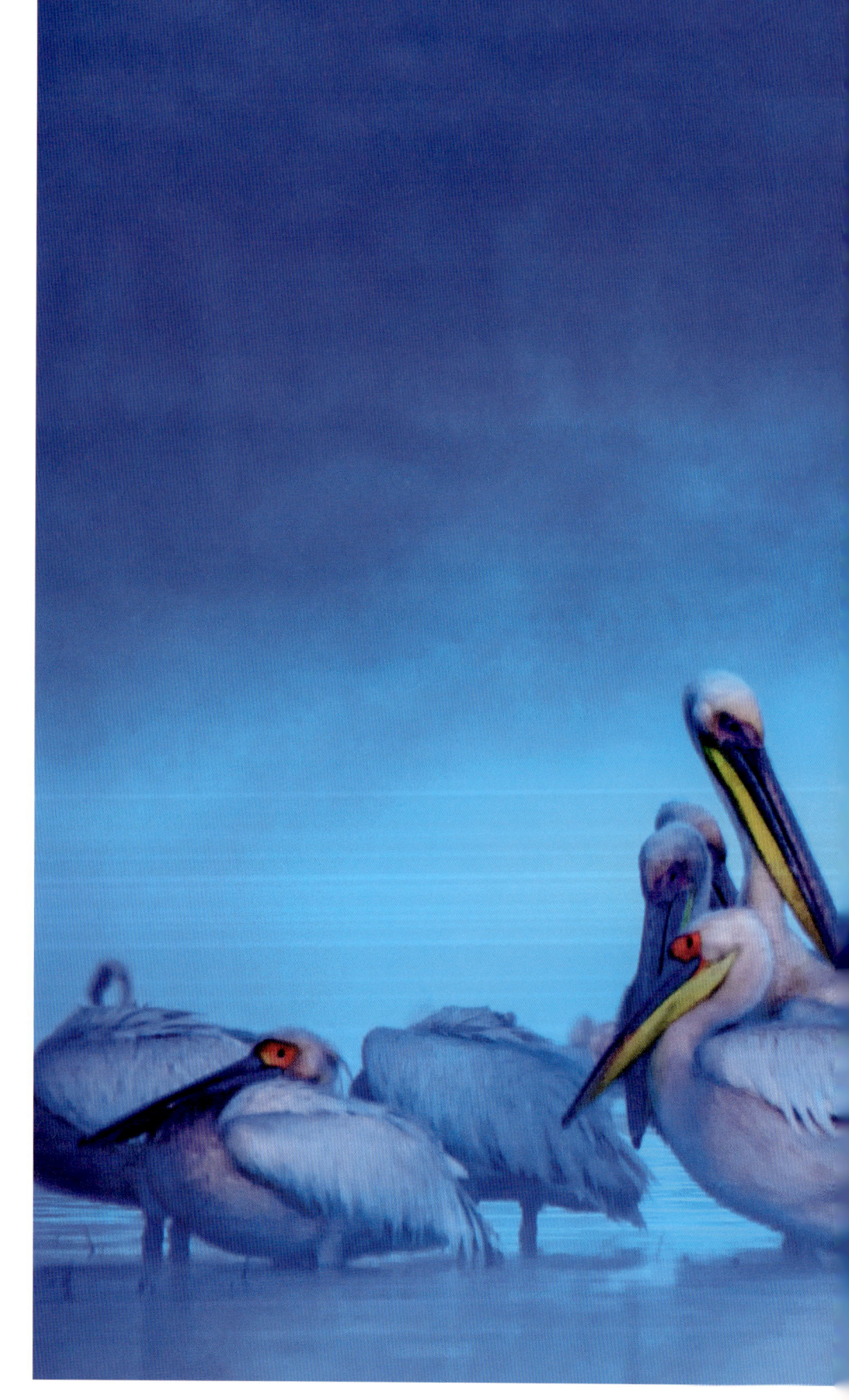

**깃털 다듬기에 몰두하는 유럽흰사다새 무리**

아침 안개가 초현실적인 분위기를 자아내는 케냐의 나쿠루 호수—.
아침 안개로 온몸이 푸르스름해진 유럽흰사다새 무리가 깃털 다듬
기에 몰두하고 있다. '매일 혹사당하는' 깃털을 항상 날기 알맞은 상
태로 유지하기 위해서는 조금도 게을리할 수 없는 일이다. 먼저 아
침 사냥에 다녀오는 것인지, 한 녀석이 3미터는 족히 넘을 날개를 펼
치고 무리 사이로 날아든다. © Greg du Toit / Wildlife Exhibition
Korea,, Great White Pelican,, Lake Nakuru, Kenya

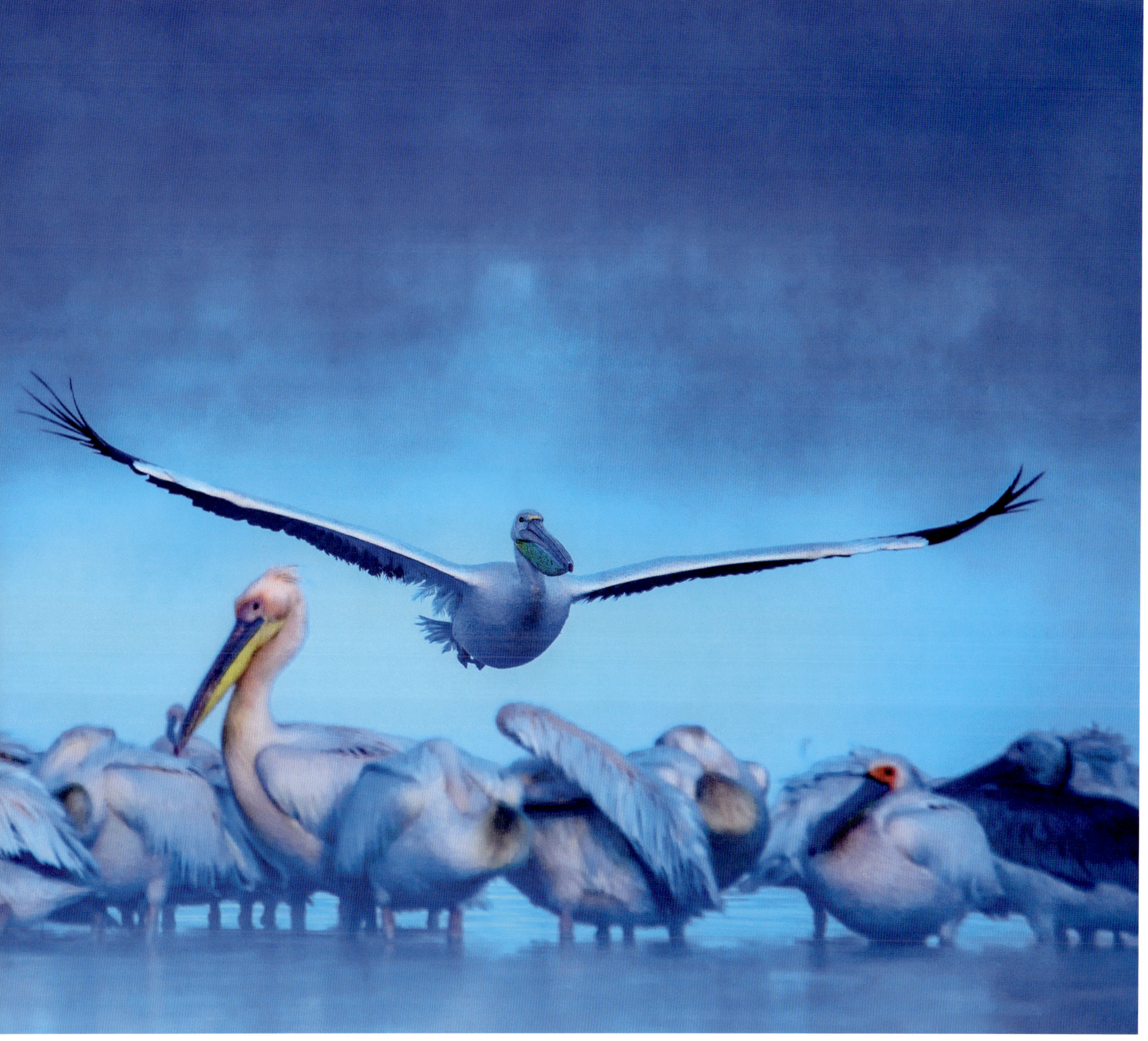

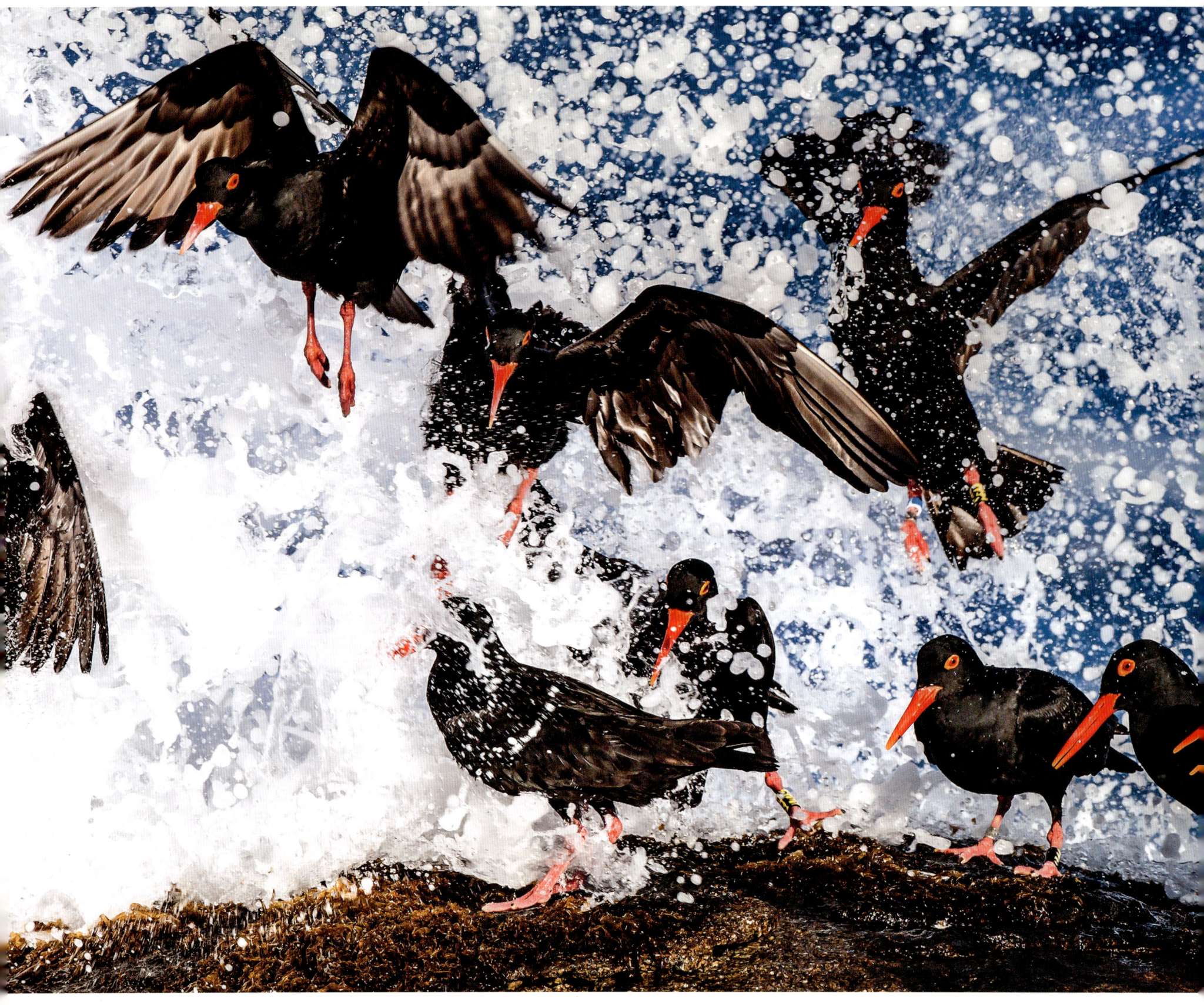

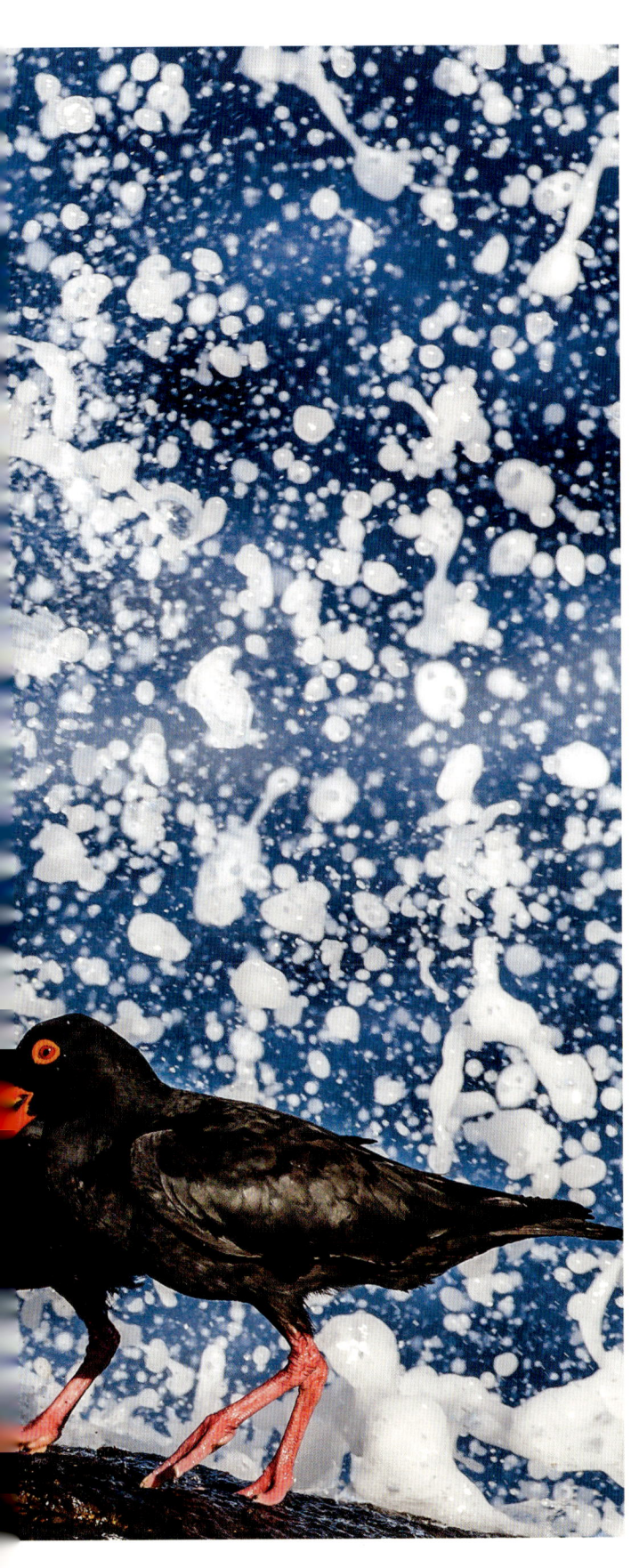

### 아프리카검은머리물떼새들의 데이트 코스

남아프리카공화국의 말가스 섬에 위치한 한 바위에서 아프리카검은머리물떼새들이 화들짝 날아오르고 있다. 짝들끼리 정기적인 만남의 시간을 갖는 녀석들에게 이 바위는 인기 있는 데이트 코스인데, 거칠게 부서지는 물보라가 녀석들의 달콤한 분위기를 깨뜨려 놓았기 때문이다. © Peter Chadwick / Wildlife Exhibition Korea,, African Black Oyster-catcher,, Malgas Island, South Africa

※3일 동안의 기다림 끝에 이 사진을 촬영한 사진가는, 위기에 처한 아프리카검은머리물떼새들의 '물보라처럼 부서지기 쉬운' 운명을 강조하고 싶었다고 말한다.

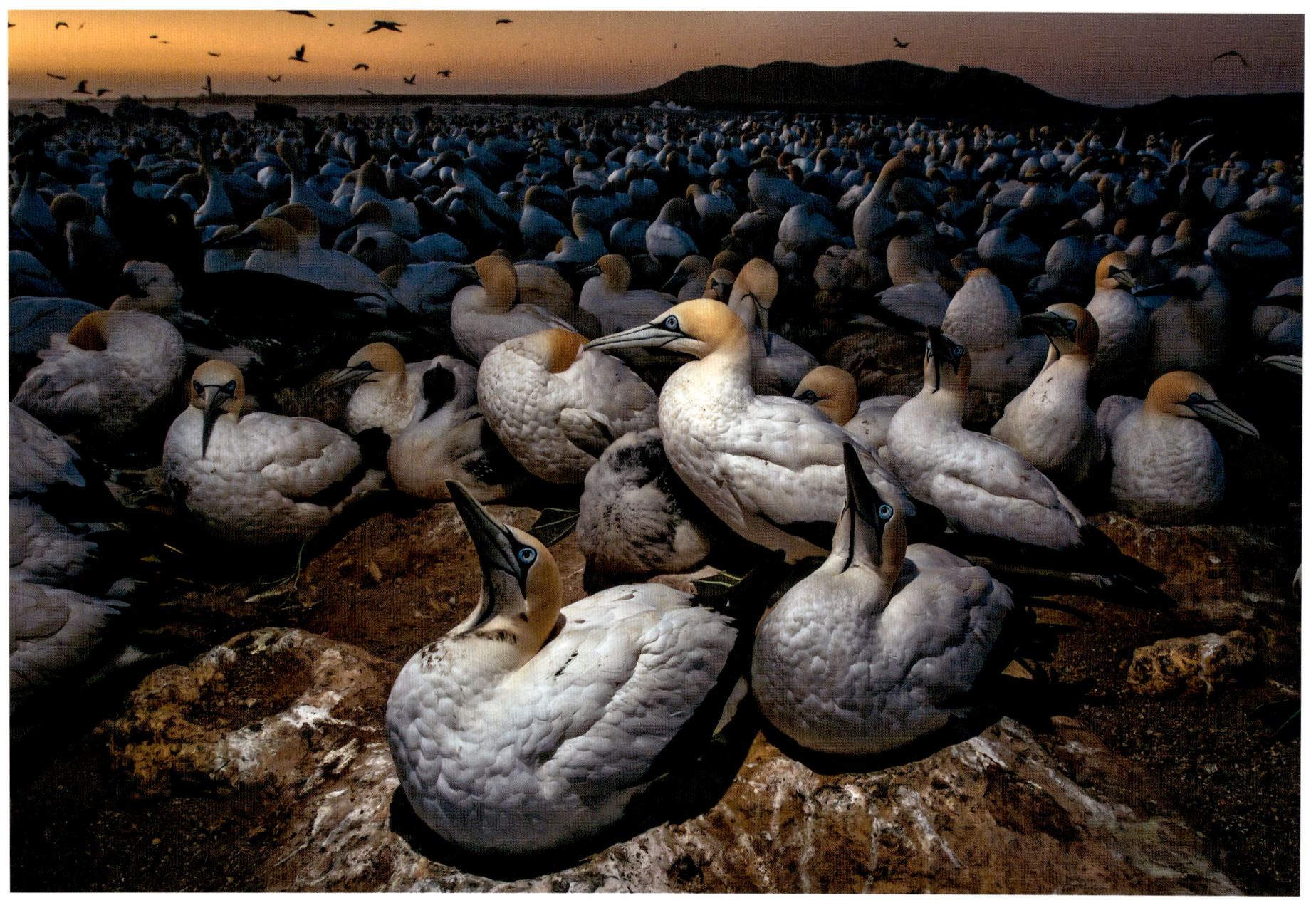

## 케이프가다랭이잡이 무리의 알 품기

케이프가다랭이잡이들은 보통 한 배에 하나의 알만 낳는다. 알을 낳은 후에는 암컷과 수컷이 함께 번갈아 가며 알을 품고 알에서 나온 새끼도 함께 돌본다. 이처럼 새끼에게 자상한 녀석들도 자신의 둥지를 넘보는 이웃의 케이프가다랭이잡이들에겐 대단히 사납다. 사진은 케이프가다랭이잡이 무리가 남아프리카공화국 말가스 섬의 번식지에서 아침을 맞이하는 모습이다. © Peter Chadwick / Wildlife Exhibition Korea,, Cape Gannet,, Malgas Island, South Africa

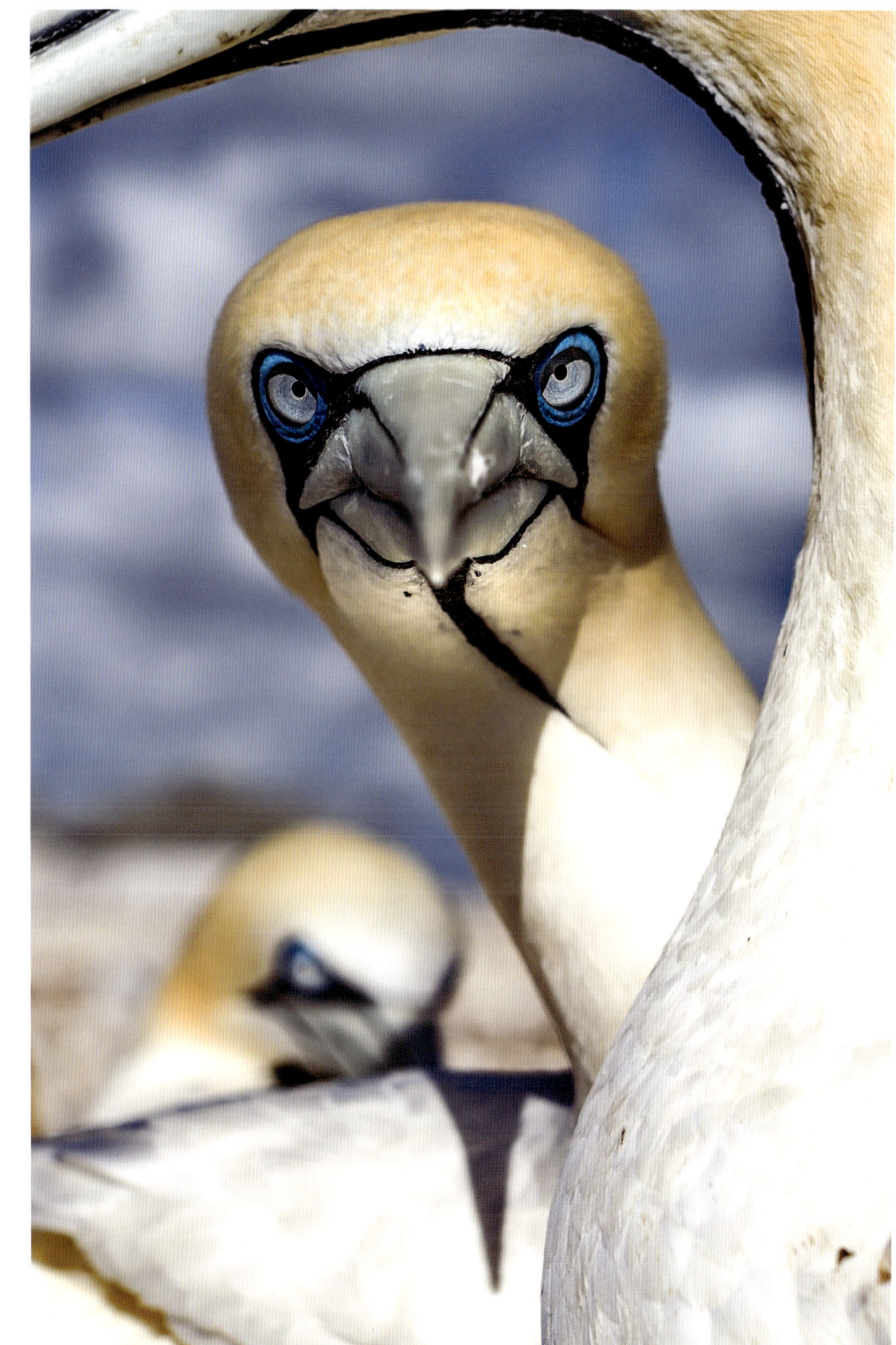

**카리스마 넘치는 케이프가다랭이잡이의 눈빛**

뚫어져라―, 사진기를 응시하는 케이프가다랭이잡이의 두 눈에 카리스마가 넘친다. 케이프가다랭이잡이들은 시속 100킬로미터의 속도로 바닷물 속으로 뛰어들어 물고기를 낚아채는 다이빙의 귀재인데, 이는 녀석들이 이처럼 사물을 입체적으로 볼 수 있는 양안시(兩眼視)를 가지고 있기 때문에 가능한 일이다. 녀석들은 바닷물로 뛰어 들기 전에 미리 바닷물 속을 자세하게 살핀다. © Peter Chadwick / Wildlife Exhibition Korea,, Cape Gannet,, Malgas Island, South Africa

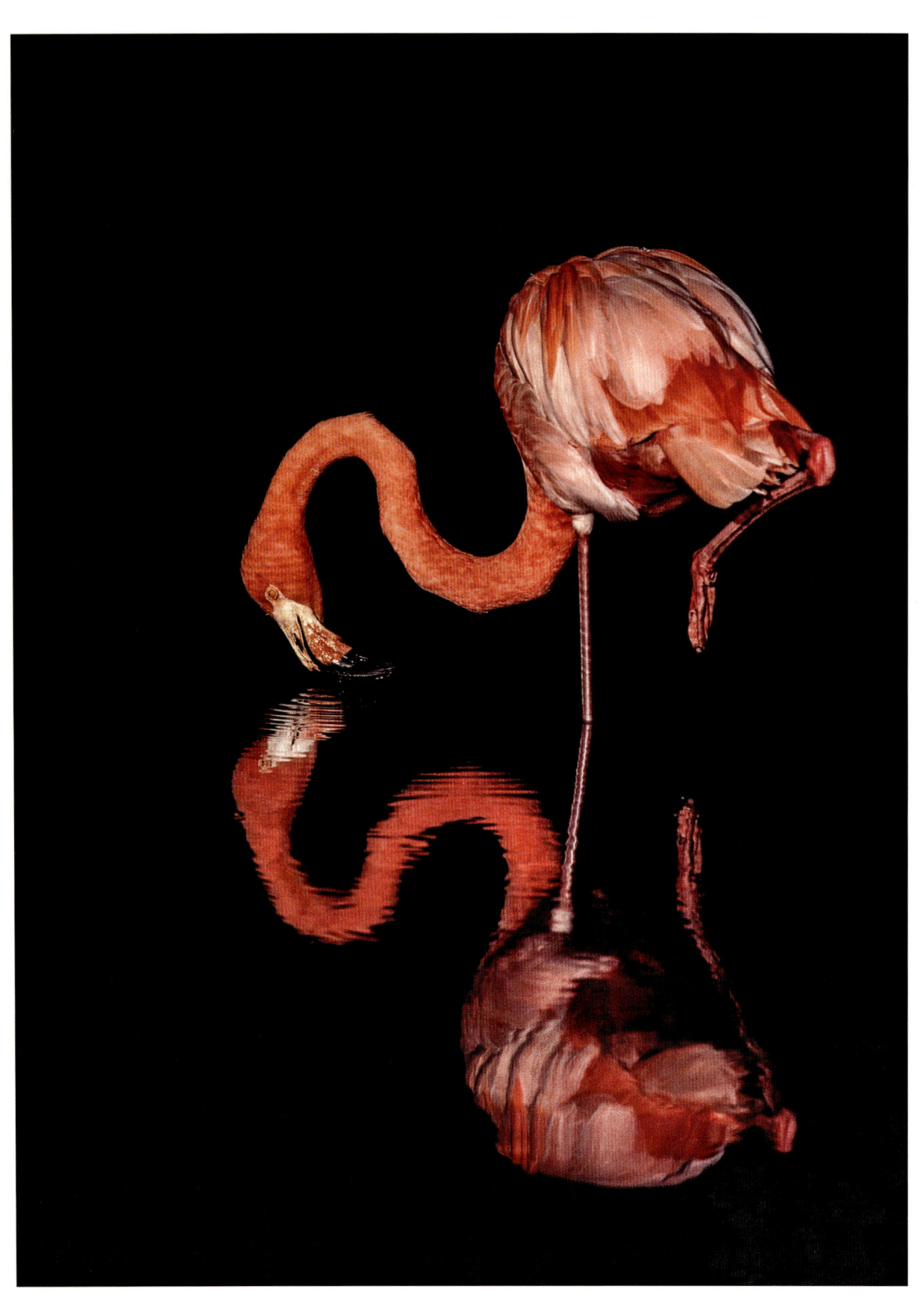

## 위아래가 뒤집힌 큰홍학의 부리

국자 같은 모양의 부리를 물속에 담그고 서 있는 큰홍학의 모습이 꽤나 자연스럽다. 녀석은 이런 자세로 물속을 뒤져 작은 연체동물, 갑각류, 애벌레 따위를 잡아먹는데, 다른 어떤 새들에게서도 찾아볼 수 없는 사냥 방식을 사용한다. 부리 안으로 물을 빨아들인 후 부리 안의 각질판을 필터처럼 사용해 물속의 먹잇감들을 걸러 먹는 것이다. 이런 사냥 방식은 큰홍학으로 하여금 해부학적 윗부리와 해부학적 아랫부리의 위치 또한 거꾸로 뒤집어 놓도록 만든다. © Lynn M. Stone / naturepl.com,, Greater Flamingo,, Florida, United States

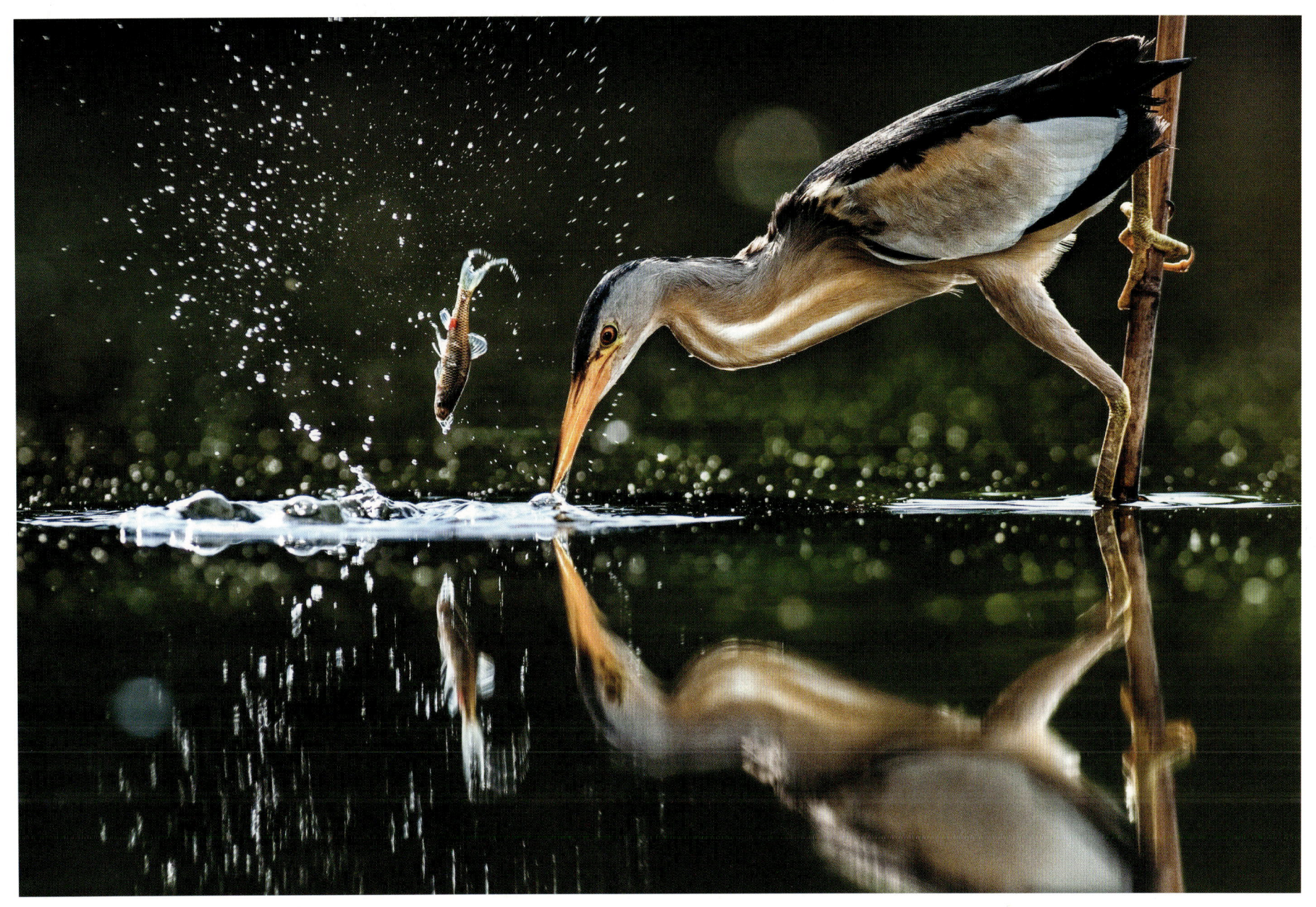

**물고기 사냥에 나선 애기덤불해오라기**

물가에서 귀뚜라미, 메뚜기, 딱정벌레 등과 같은 곤충을 잡아먹고 사는 애기덤불해오
라기가 이번에는 좀더 특별한 먹잇감을 찾아 나섰다. 하지만 애기덤불해오라기의 특
별한 먹잇감이 되고 싶지 않은 물고기는 목숨을 건 '필생필사(必生必死)'의 도약을 시
도한다. 헝가리 키슈쿤사기 국립공원에 위치한 한 연못―. © Bence Máté / Wildlife
Exhibition Korea,, Little Bittern,, Kiskunsági National Park, Hungary

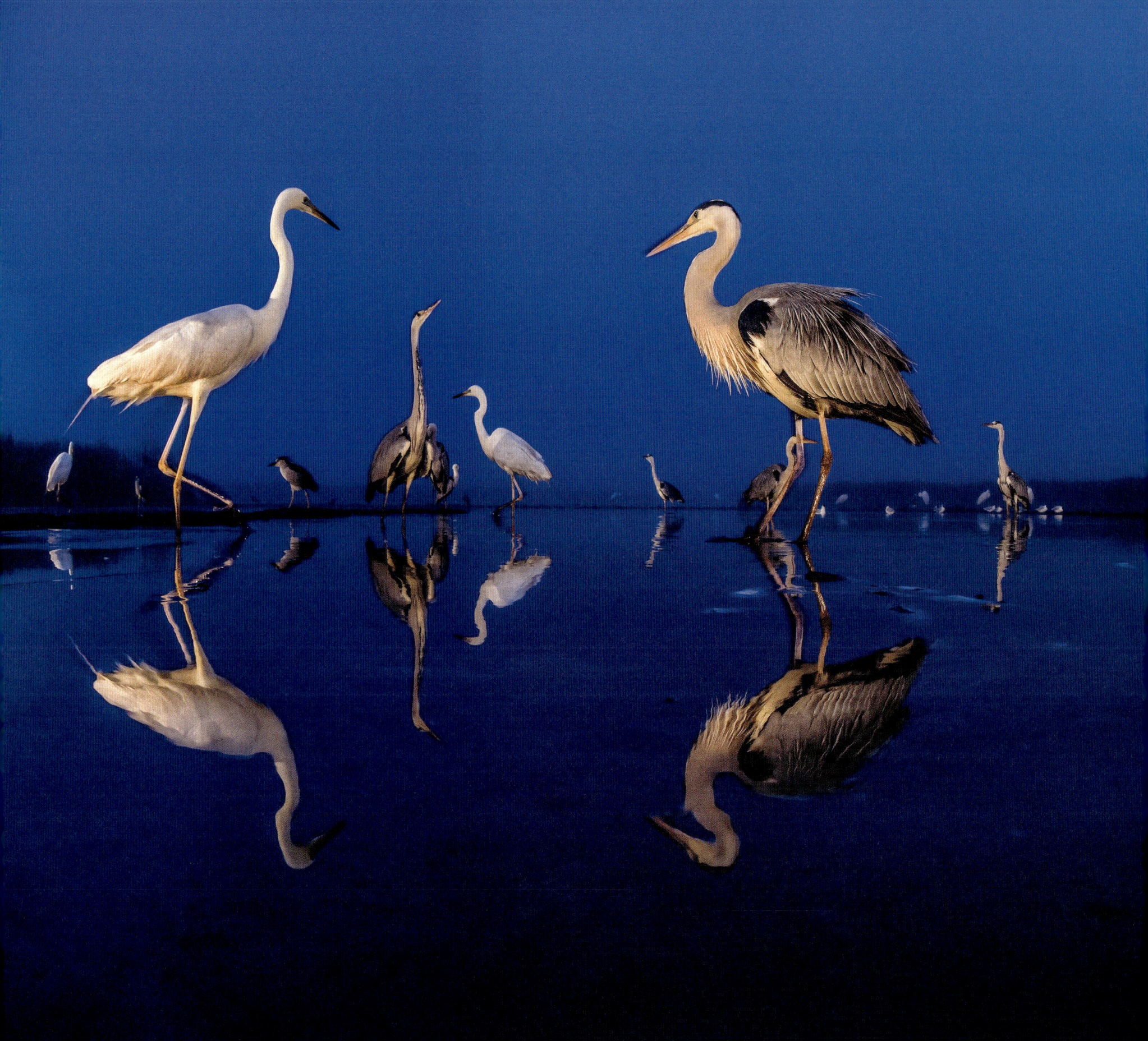

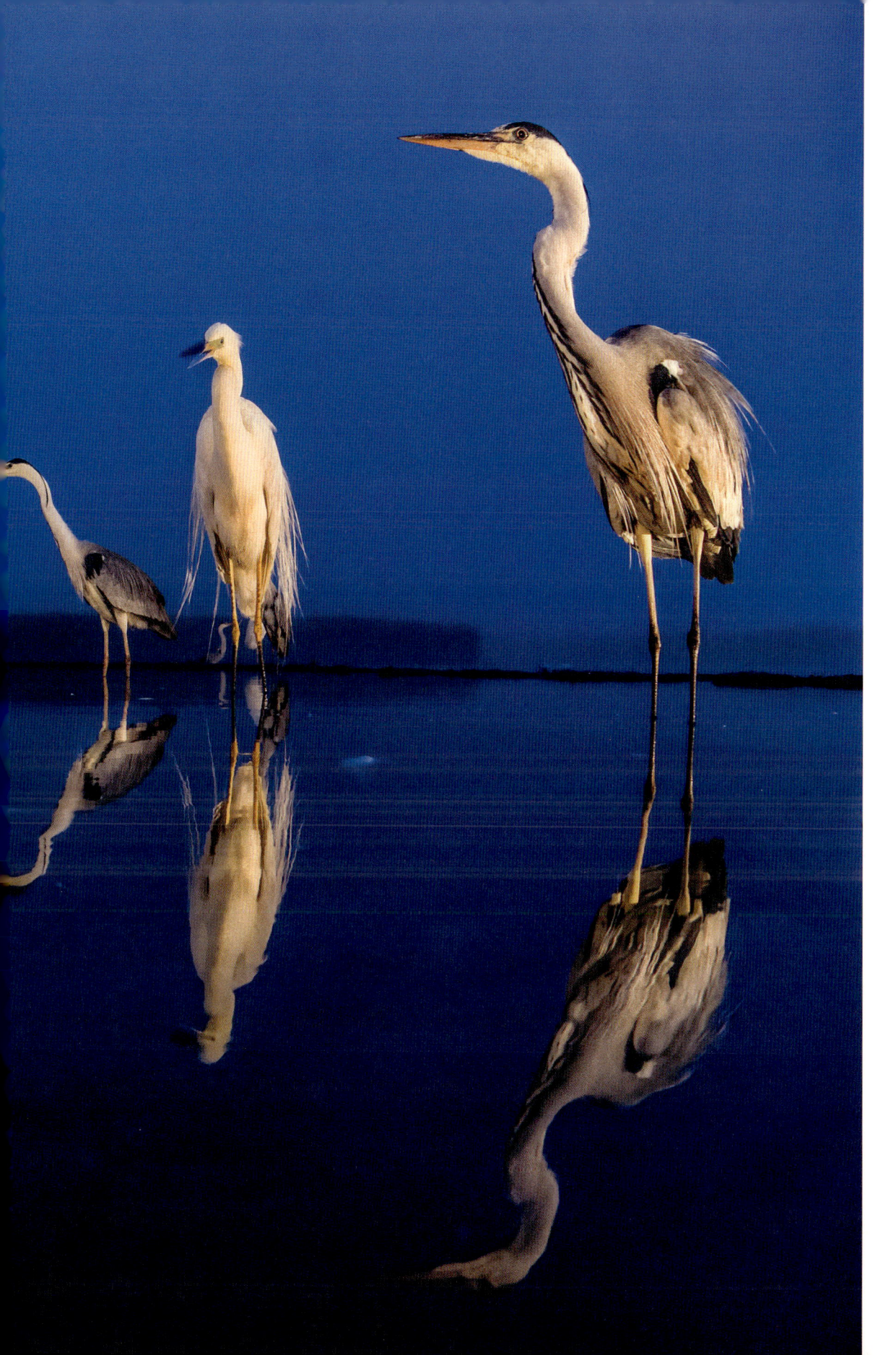

**대백로와 왜가리 무리의 인내심**

한 무리의 대백로와 왜가리가 사이좋게 늘어서서 코
발트색 수면을 살펴고 있다. 미동도 없이 서 있는 것이
수면에 비친 자신의 아름다움에 취하기라도 한 것일
까, 싶다. 하지만 녀석들은 지금 자신의 영역 안으로 물
고기가 들어오기만을, 인내심 있게 기다리는 중이다.
© Bence Máté / Wildlife Exhibition Korea,, Great
Egret, Grey Heron,, Kiskunsági National Park,
Hungary

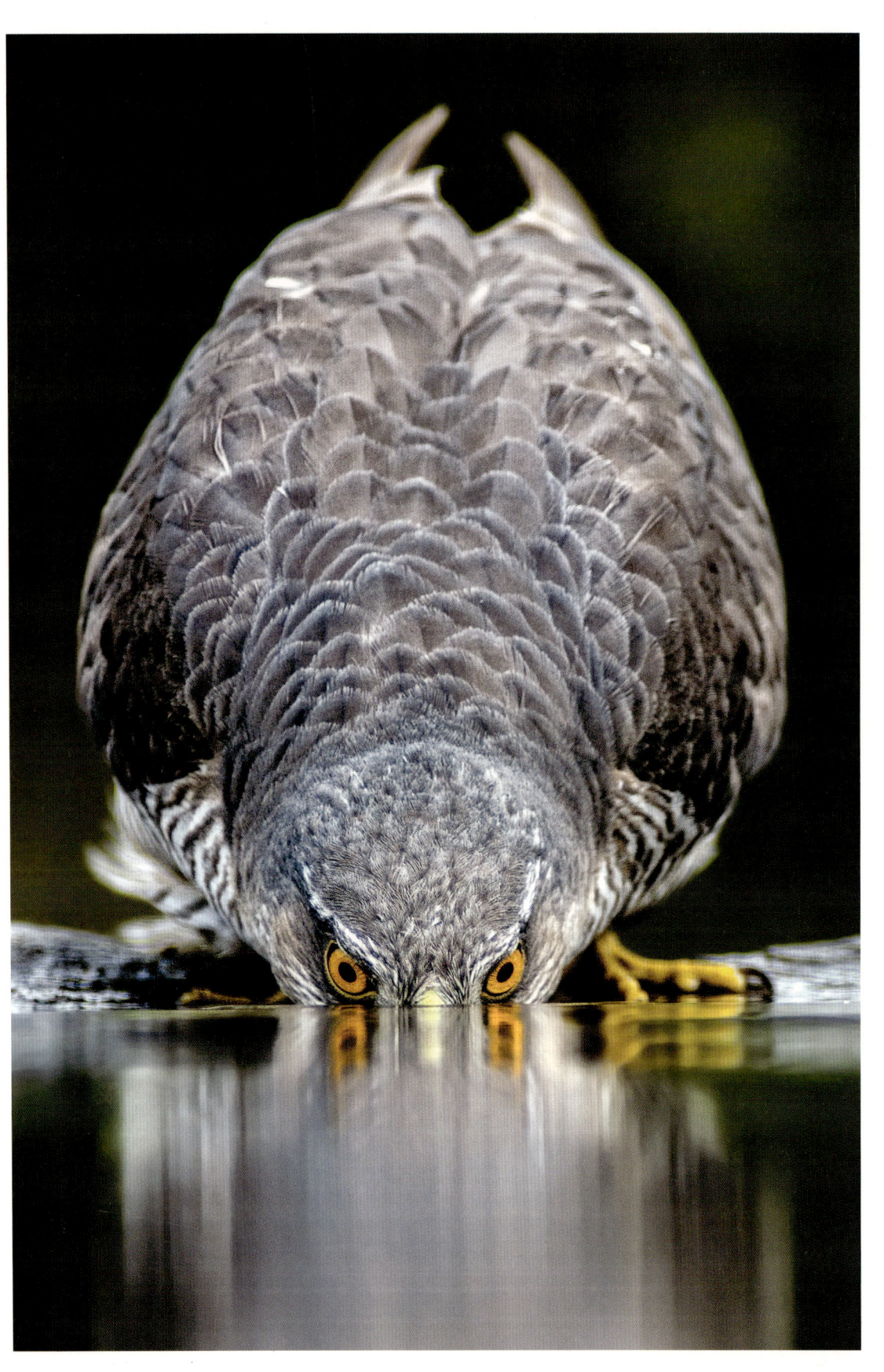

**먹잇감을 노리는 새매의 눈빛**

암컷 새매 한 마리가 물을 마시며 먹잇감을 노리고
있다. 갈고리처럼 구부러진 강력한 부리는 물속에
담그고 있지만 번득이는 눈빛만으로도 먹잇감을 제
압할 것 같다. 유라시아 대륙 곳곳에 서식하는 맹
금류인 새매는 참새, 멧새, 종달새, 비둘기 등을 잡
아 날카로운 부리로 찢어 먹는다. © Bence Máté /
Wildlife Exhibition Korea,, Eurasian Sparrow-
hawk,, Kiskunsági National Park, Hungary

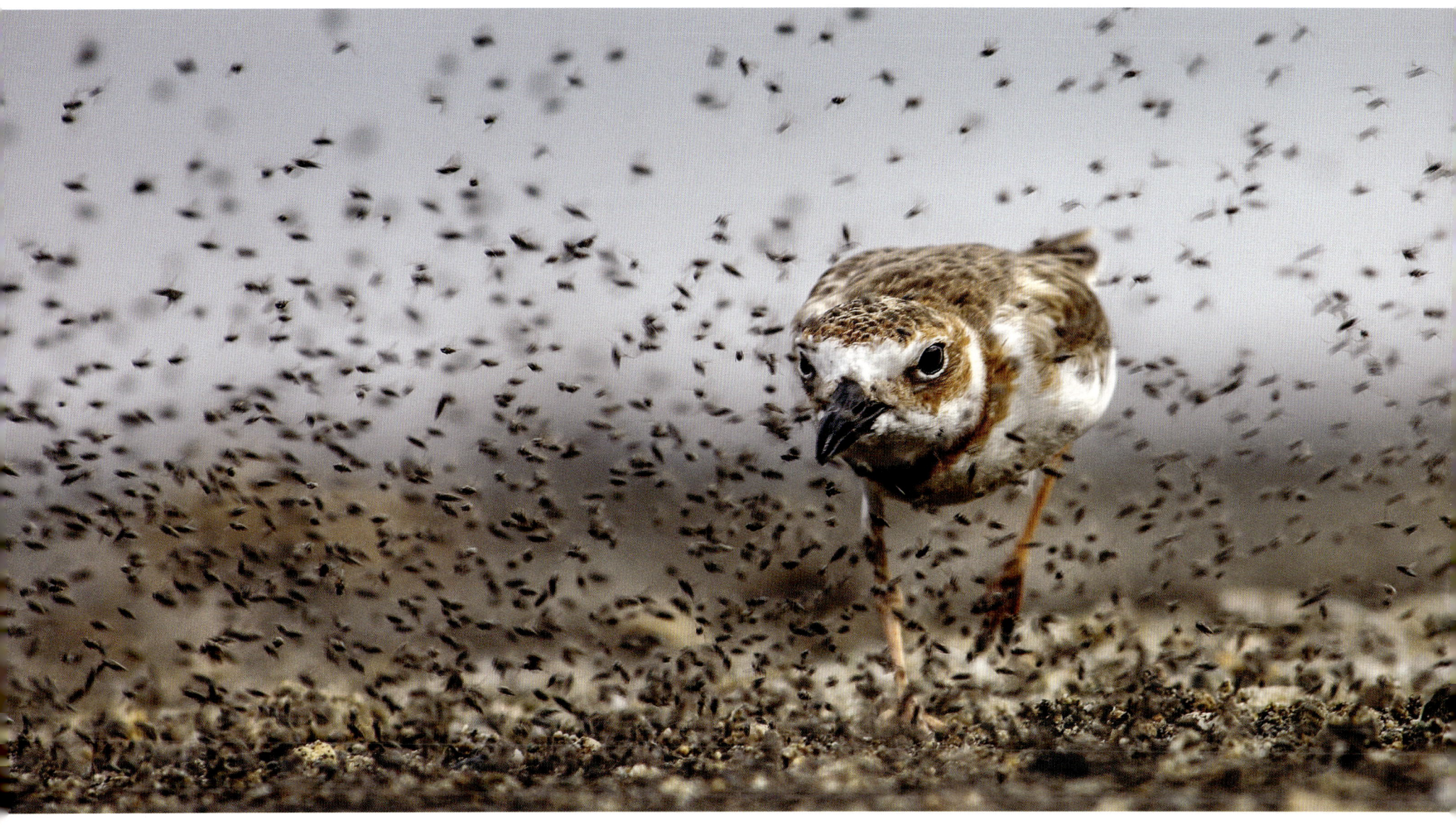

**모래파리를 만난 윌슨물떼새**

카리브 해의 퀴라소 섬 해변에서 윌슨물떼새가 모래파리를 잡아먹고 있다. 욱시글대는 모래파리는 맨살뿐인 사람에게는 끔찍한 흡혈 곤충일 테지만, 강하고 유연한 깃털을 갑옷처럼 입고 있는 윌슨물떼새에게는 맛있는 일품요리(一品料理)일 테다. © Jasper Doest / Minden Pictures,, Wilson's Plover,, Curacao, Caribbean Sea

## 가면올빼미의 은은한 깃털 색

은은한 색감의 아름다운 깃털은 이 가면올빼미가 사나운 맹금류라는 사실을 잊도록 만들 정도다. 하지만 가면올빼미가 '밤의 사냥꾼'이라는 명성을 얻을 수 있었던 것은 이 깃털 덕분이라고 해도 과언이 아니다. 녀석의 깃털은 빗처럼 생긴 깃가지와 긴 술을 가지고 있어 녀석이 아무 소리도 내지 않고 빠르게 먹잇감에게 접근할 수 있도록 해준다. 들쥐나 개구리와 같은 먹잇감 입장에서는 이보다 더 무시무시할 수는 없을 것이다. © Edwin Giesbers / naturepl.com,, Barn Owl,, Leuth, Netherlands

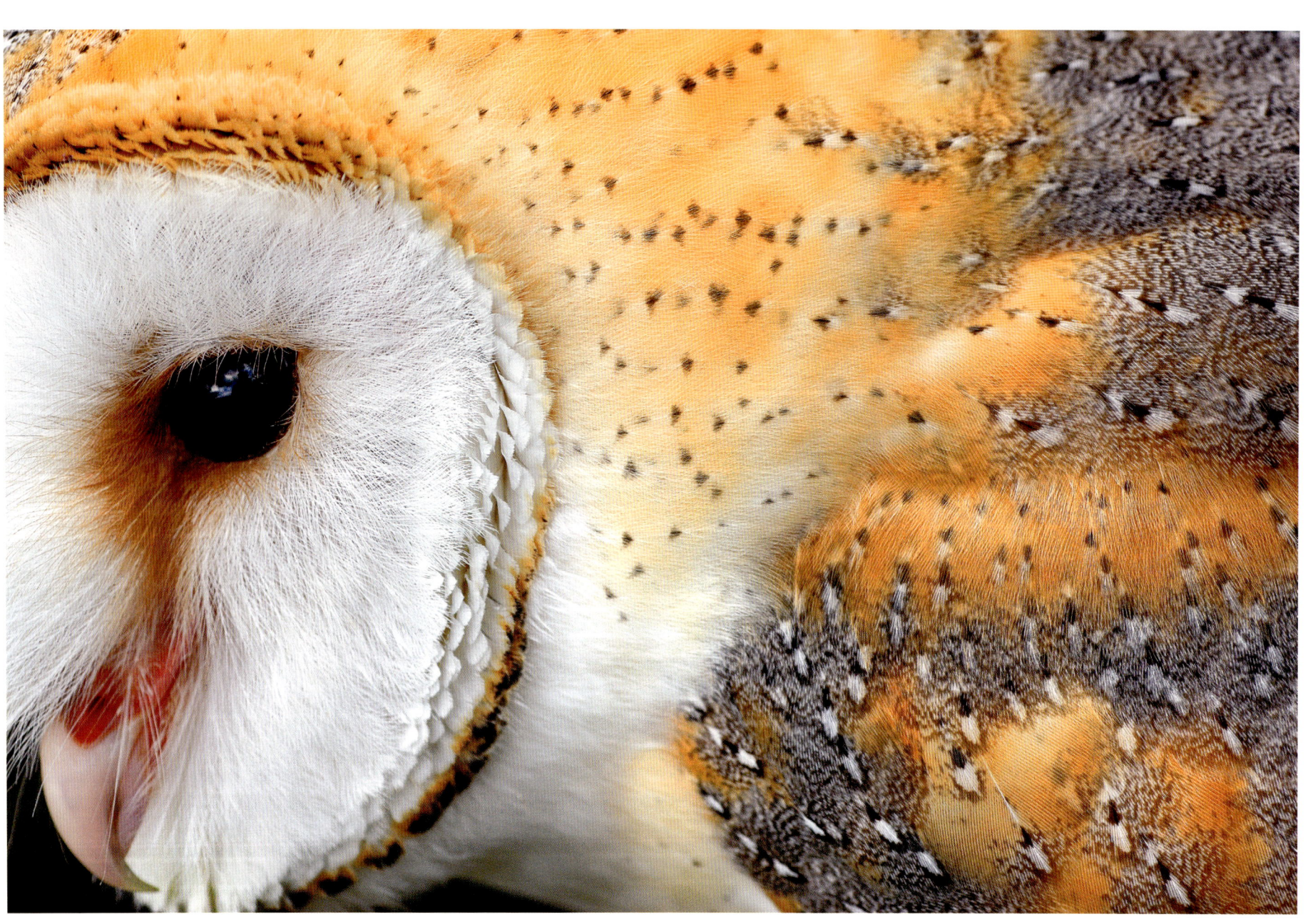

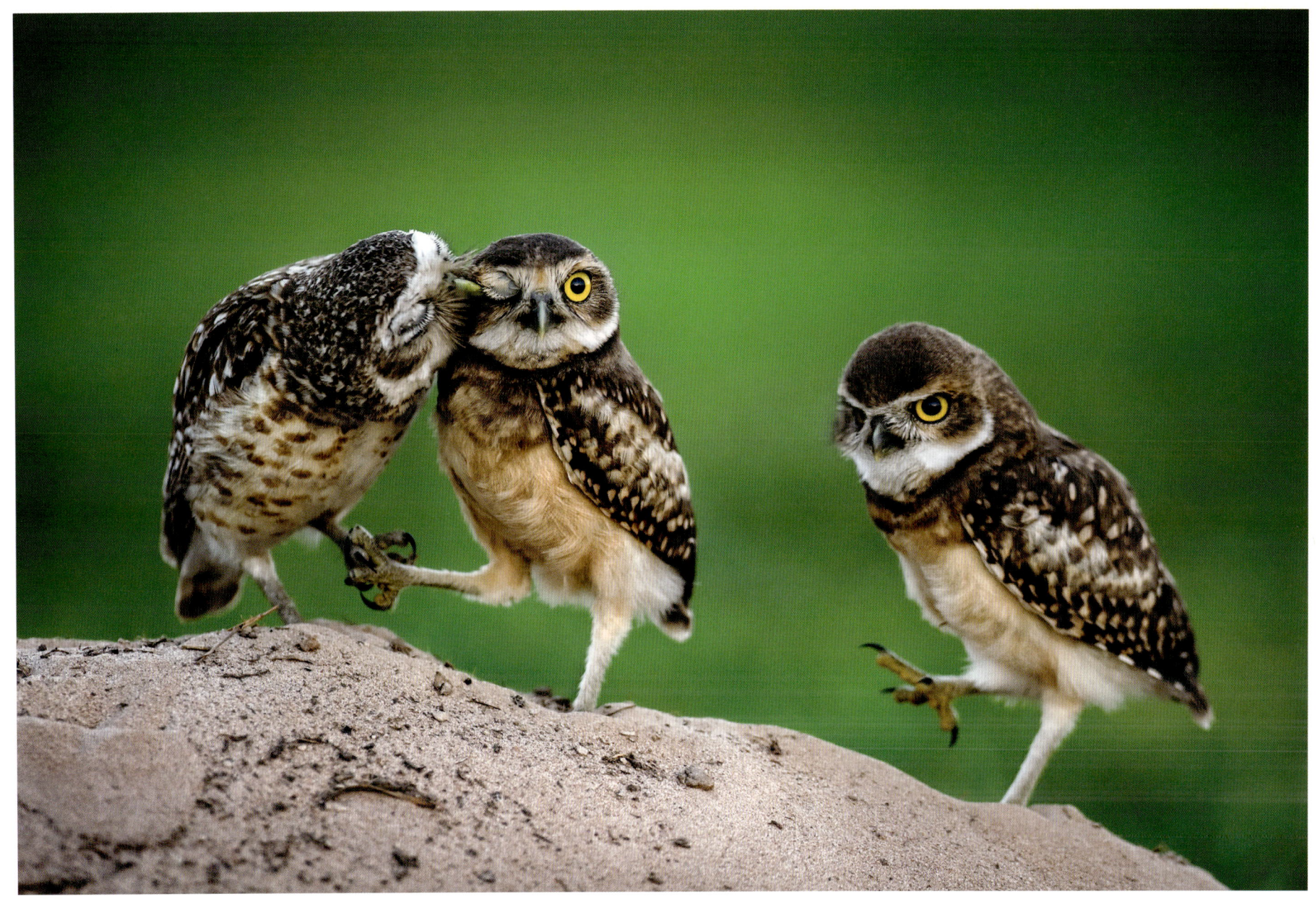

## 새끼 굴파기올빼미들의 문(門)밖 나들이

굴파기올빼미는 포유류 똥을 구해 둥지로 사용하는 굴 앞에 뿌려 놓는 것으로 유명하다. 이는 좋아하는 먹잇감인 쇠똥구리를 유인하기 위한 것인데, 특히 새끼를 기르는 시기에는 새끼들을 위해 좀더 많은 똥을 쌓아 놓는다. '조류 세계의 낚시꾼'이 따로 없는 셈이다. 사진은 브라질 판타날 습지의 새끼 굴파기올빼미들이 굴 둥지 앞에서 시간을 보내는 모습이다. © Bence Máté / Wildlife Exhibition Korea,, Burrowing Owl,, Pantanal, Brazil

## 암수 퍼핀이 부리를 두드리는 까닭

이보다 더 강렬하면서도 동시에 달콤한 것이 있을까? 사랑을 표시하기 위해 서로의 부리를 두드리는 암수 퍼핀은 '매혹적인 키스의 힘'을 알고 있는 것이 분명하다. 평소에는 바다에서 지내다가 번식기에만 해안으로 올라와 둥지를 트는 녀석들은 보통 한 배에 하나의 알만 낳아 새끼가 독립할 때까지 암수가 함께 돌본다. © Markus Varesvuo / naturepl. com,, Atlantic Puffin,, Norway, Scandinavia, April

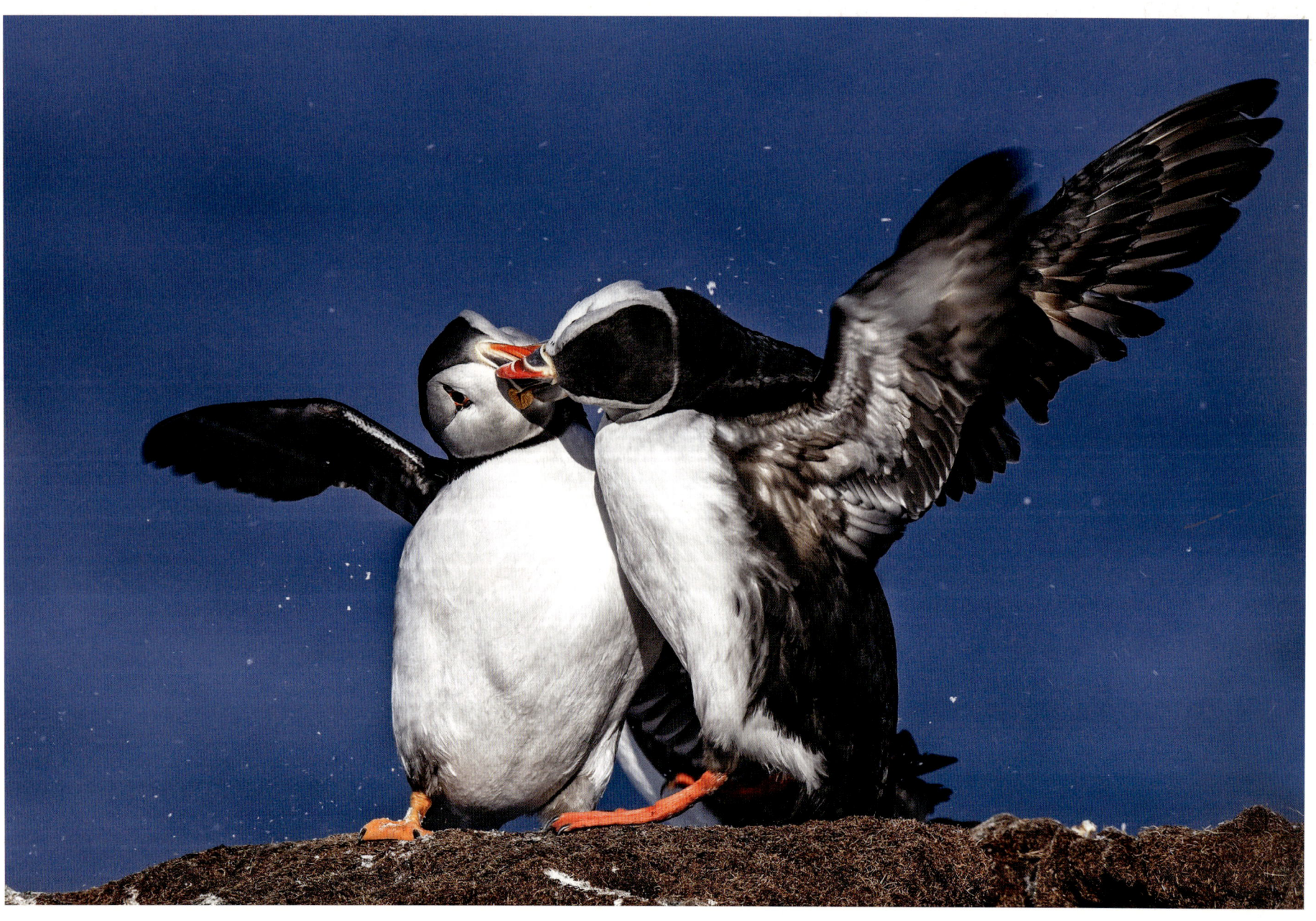

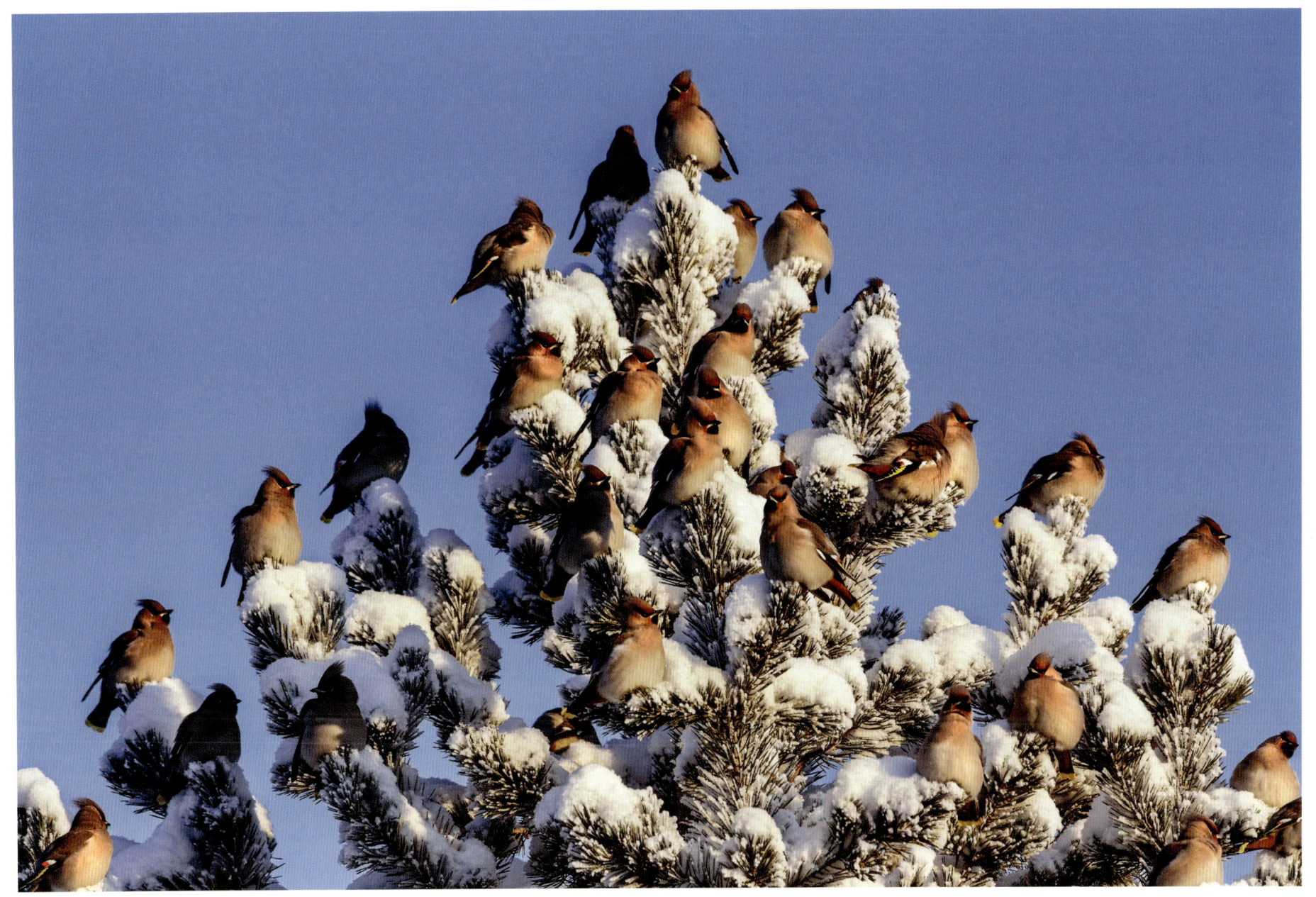

**황여새 무리가 혹한의 추위를 이겨내는 법**

겨울이면 기온이 영하 40°C 이하까지도 내려가는 핀란드 쿠사모 지방—. 한 무리의 황여새가 눈 쌓인 소나무 위에 모여 앉아 주변을 살피고 있다. 항온동물은 추운 곳일수록 큰 몸집을 가진다는 생명의 법칙을 생각해 보면 55그램에 불과한 이 녀석들이 혹한의 추위를 견디는 모습은 기적과도 같다. 공기층을 품는 미세 구조를 가진, 풍성하고 부드러운 녀석들의 솜깃털이 이런 기적을 만들어 낸다. © Markus Varesvuo / naturepl.com,,
Waxwing,, Kuusamo, Finland, February

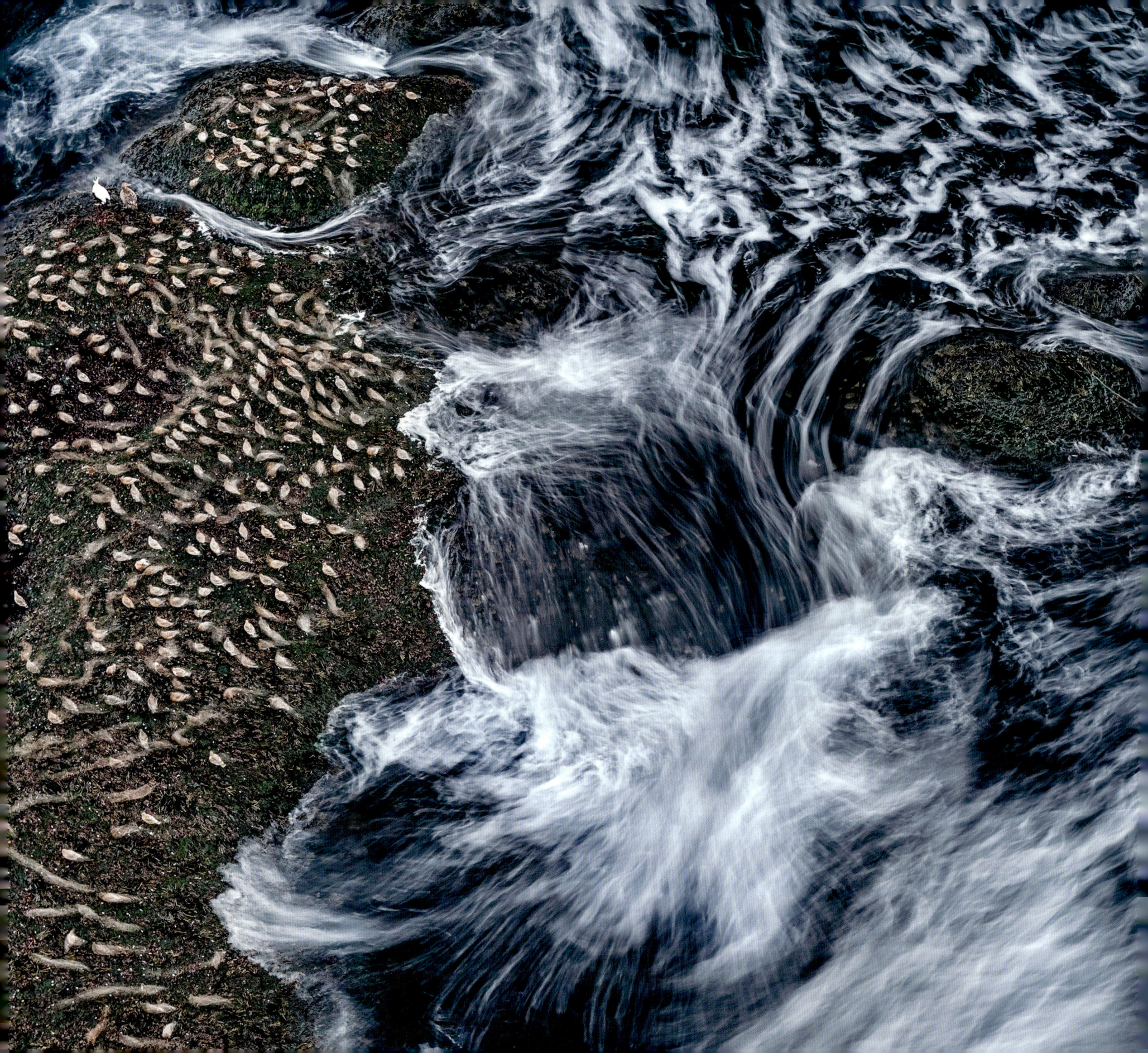

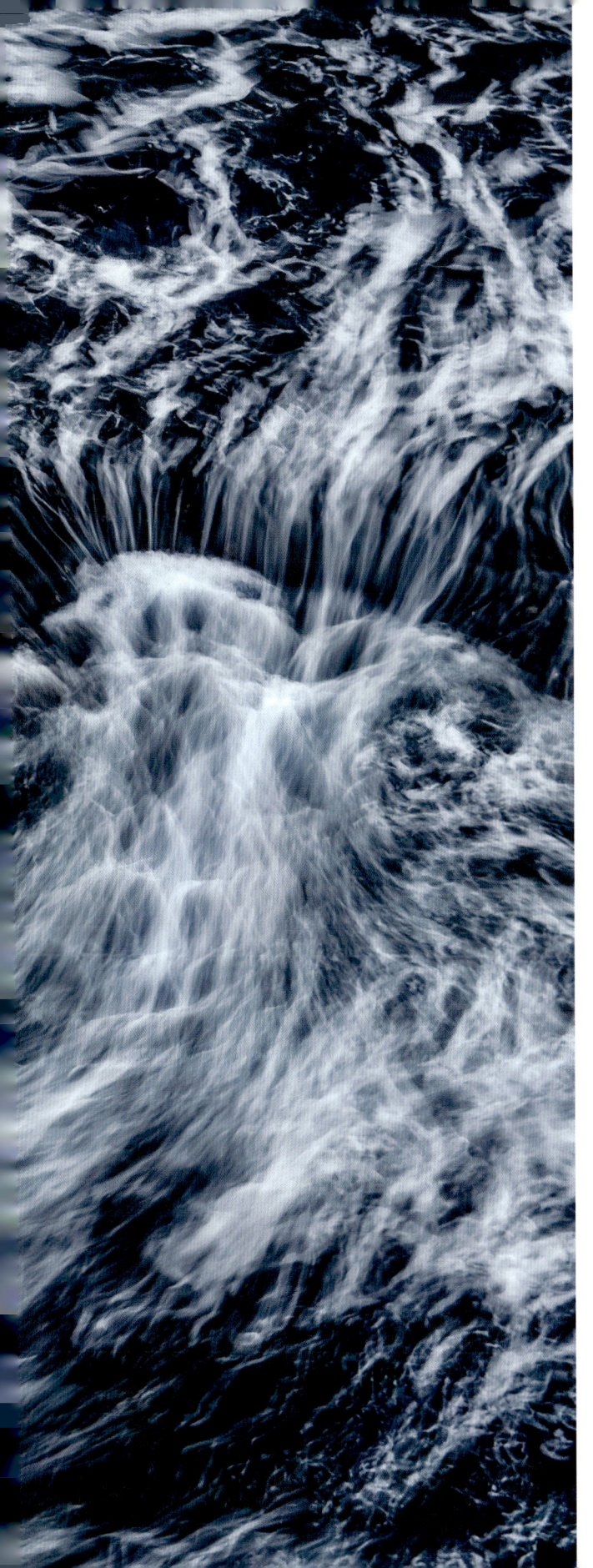

**붉은가슴도요와 솜털오리의 라이프스타일**

아이슬란드 스뇌펠스네스 반도의 해안가 바위 위—, 한 무리의 붉은가슴도요와 두 마리의 솜털오리(프레임 좌상단)가 서로 다른 라이프스타일을 분명하게 드러냈다. 해마다 아프리카에서 북극해까지 이동하는 붉은가슴도요들은 거센 파도에도 아랑곳하지 않고 먹잇감을 찾기 위해 종종걸음을 치고 있다. 하지만 북유럽에서 북극해까지 상대적으로 짧은 거리만 오가는 솜털오리들은 느긋하게 휴식을 취하고 있다. © Orsolya Haarberg / naturepl.com,, Red Knot, Eider,, Snaefellsnes Peninsula, Iceland, May

**흰꼬리수리, 까마귀, 재갈매기의 관심사**

왜 모든 사랑은 서로 할퀴지 못해 난리일까? 평생 지켜
나갈 충성스러운 사랑을 시작하려는 흰꼬리수리 두 마
리가 격렬한 싸움을 벌이고 있다. 빙글빙글 돌기, 급강
하하기, 충돌하기 등의 온갖 격투기 기술을 마다하지
않는 것이 곧 서로를 죽일 것 같다. 자신들의 고기를 노
리는 것이 분명할 큰까마귀가 자신들을 지켜보건 말
건—. 자신들의 부리를 두려워하는 것이 분명할 재갈
매기가 서둘러 자리를 피하건 말건—. © Juan Carlos
Muñoz / naturepl.com,, White Tailed Sea Eagle,
Raven, Herring Gull,, Scandinavia, April

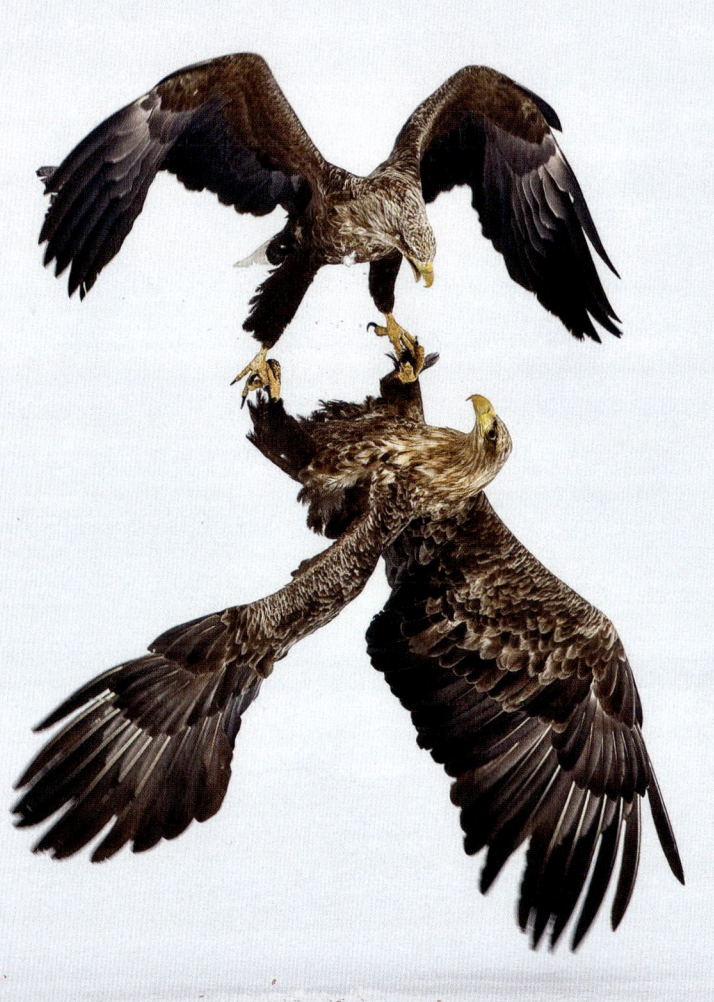
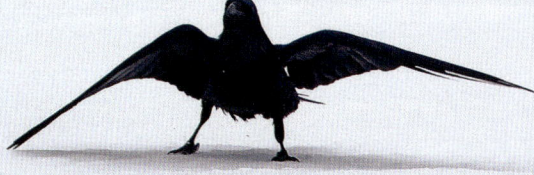

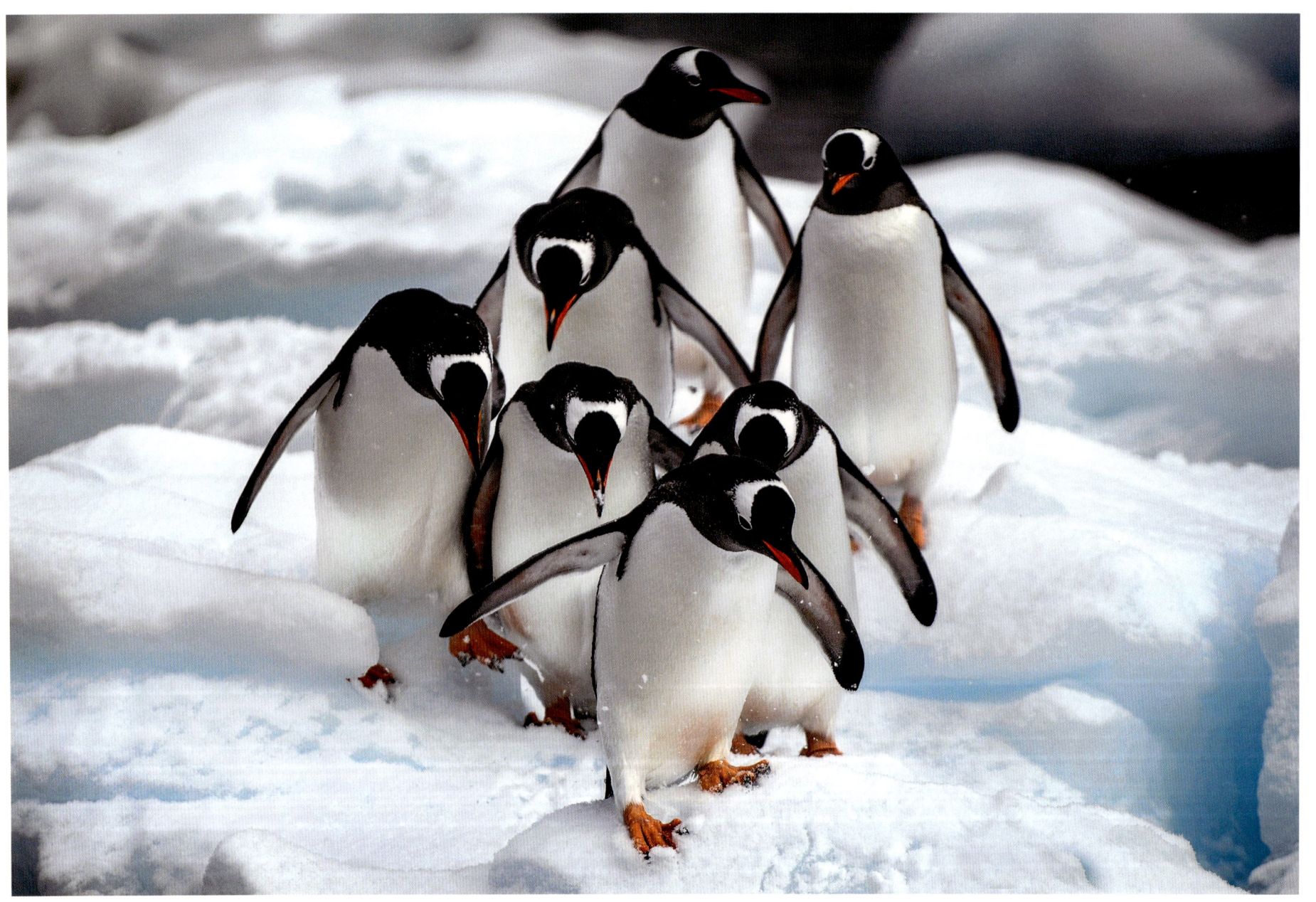

**귀여우면서도 불안한 젠투펭귄들의 발걸음**

남극반도 쿠버빌 섬에서 한 무리의 젠투펭귄이 눈밭 위를 걷고 있다. 짤막한 날개를 펼쳐
균형을 잡는 것이며 조심스레 발밑을 살피며 뒤뚱거리는 것이 불안하기 짝이 없다. 하늘
을 날기는커녕 땅 위에서조차 굼뜨기만 한 것이, 과연 새일까 싶을 정도다. 하지만 녀석
들은 물속에 들어가기만 하면 전혀 다른 모습을 보여준다. 녀석들은 시속 36킬로미터까
지 속도를 내며 날쌔게 헤엄쳐 다닌다. © Enrique López-Tapia / naturepl.com,, Gentoo
Penguin,, Cuverville Island, Antarctica

## 황제펭귄들이 속도를 높이는 방법

유선형 몸통을 가진 황제펭귄 무리가 남극의 바닷물 속에 긴 거품 길을 만들고 있다. 녀석들은 깃털의 공기층으로부터 아주 작은 거품을 분출해 자신의 몸을 둘러싼 물의 저항을 줄임으로써 좀더 속도를 높인다. 녀석들은 수심 600미터까지 잠수할 수 있고 물속에서 20분 동안 머물 수 있다. © Norbert Wu / Minden Pictures,, Emperor Penguin,, Antarctica

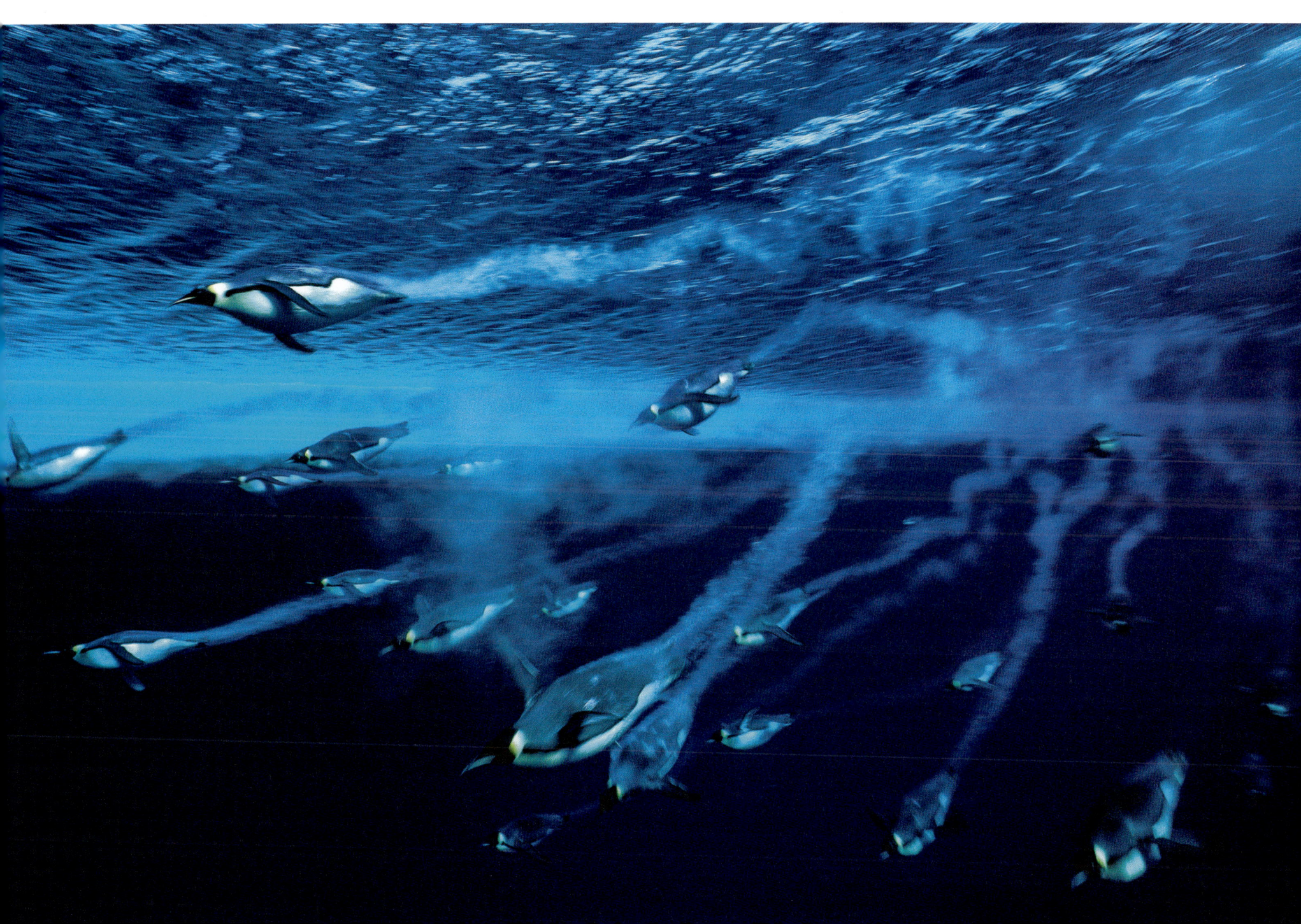

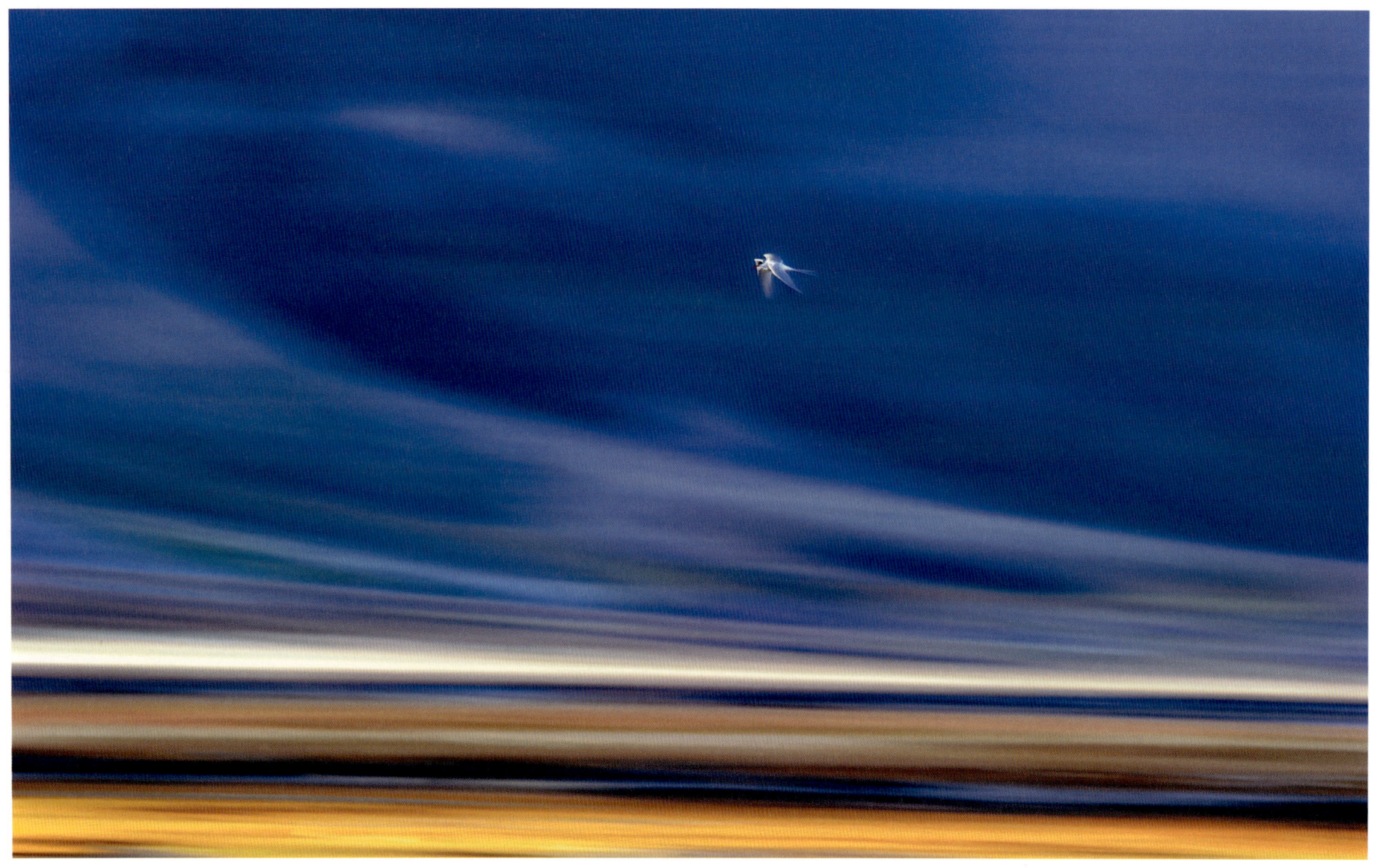

## 백야의 밤하늘로 날아오른 극제비갈매기

북극해에 면한 스발바르 제도의 여름, 황홀한 백야(白夜)의 밤하늘로 극제비갈매기가 날아올랐다. 여름 동안 북극권에서 새끼를 낳아 기르는 극제비갈매기는 여름이 지나면 무려 2만 킬로미터 이상을 날아 남극권까지 이동하는 철새로 유명하다. 물고기와 벌레가 풍부한 여름을 따라 옮겨 다니는 것이다. 그런데 녀석들은 적도를 넘어 계속 날아가면 또 다른 여름, 또 다른 백야가 나타난다는 사실을 어떻게 아는 것일까? © Ole Jørgen Liodden / naturepl.com,, Arctic Tern,, Svalbard, Norway, July

※사진가는 '입장하는 것처럼' 이 백야의 풍경 속으로 걸어 들어갔다고 한다. 그리고 극제비갈매기를 위해 셔터 속도를 조정해 배경을 흐리게 만들었다고 한다.

# 땅의 육식동물들
# LAND PREDATORS

목이 마른 암사자 두 마리가 바로 5미터 거리의 물가에서
물을 마시고 있었다. 나는 녀석들의 번득이는 노란 눈과 울퉁불퉁한
근육을 기억한다. 도망갈 곳이 없었던 나는 움직이지 않고 물속에
가만히 앉아 있을 수밖에 없었다. 하지만 내 손은 엄청나게
떨고 있었다. 사진기의 손떨림 방지 기능 따위는 아무 쓸모없는
무용지물(無用之物)과도 같았다.

그렉 뒤 토이(Greg du Toit) ; 남아프리카공화국의 야생동물 사진가

예민한 청각, 후각, 시각 능력을 가지고 먹잇감의 위치를 파악한다. 위장과 매복의 명수이며 길쭉한 다리와 유연한 척추를 가지고 먹잇감을 빠르게 덮칠 수 있다. 갈고리 모양의 발톱과 날카로운 송곳니로 먹잇감을 잡아먹는다. 민첩하게 움직일 수 있을 뿐만 아니라 영리하게 생각할 줄도 안다. 사자 호랑이 표범 등의 고양잇과 동물들, 늑대 여우 등의 갯과 동물들, 북극곰 불곰 등의 곰과 동물이 대표적이다. 포식자로서의 무자비한 위용에도 불구하고, 급변하는 생태계 환경으로 인해 대부분의 종이 위기를 맞고 있다.


**가장 강력한 포식자지만 또한 가장 아름답고 우아하다.**

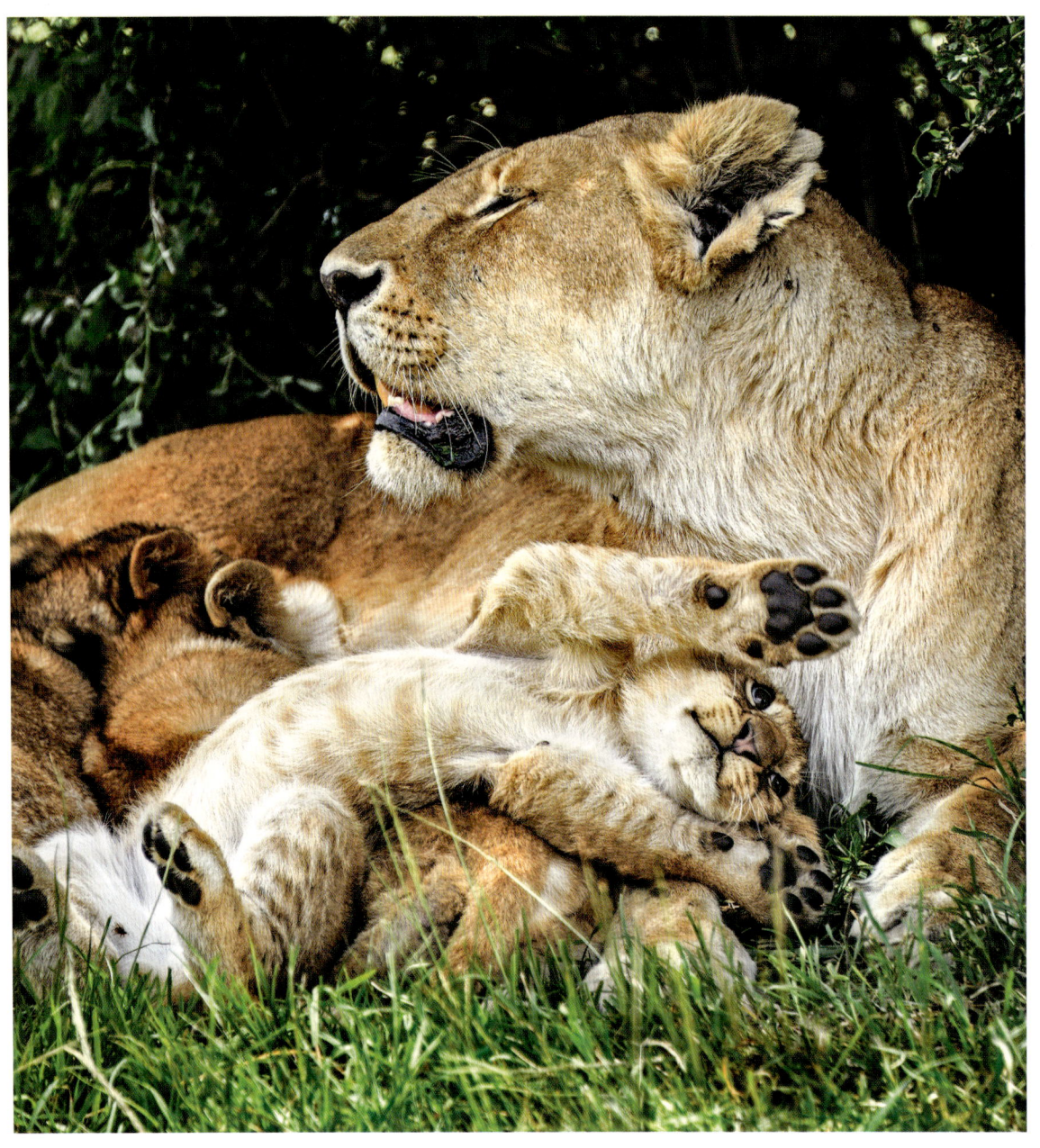

**아직은 아무 걱정 없는 새끼 사자**

천진난만(天眞爛漫) —, 아무 걱정도 없다. 어미의 품에서 기지개를 켜는 새끼 사자의 모습이 더할 수 없이 편안해 보인다. 하지만 녀석이 어른으로 자랄 때까지 이처럼 편안하게 살아 남을 가능성은 그리 높지 않다. 이웃의 수사자들은 물론 무리 내의 형제 사자들까지도 끊임없이 녀석의 생존을 위협한다. 녀석이 만약 수사자라면 상황은 더욱 절망적이다. © Andy Rouse / naturepl. com,, African Lion,, Masai-Mara, Kenya, February

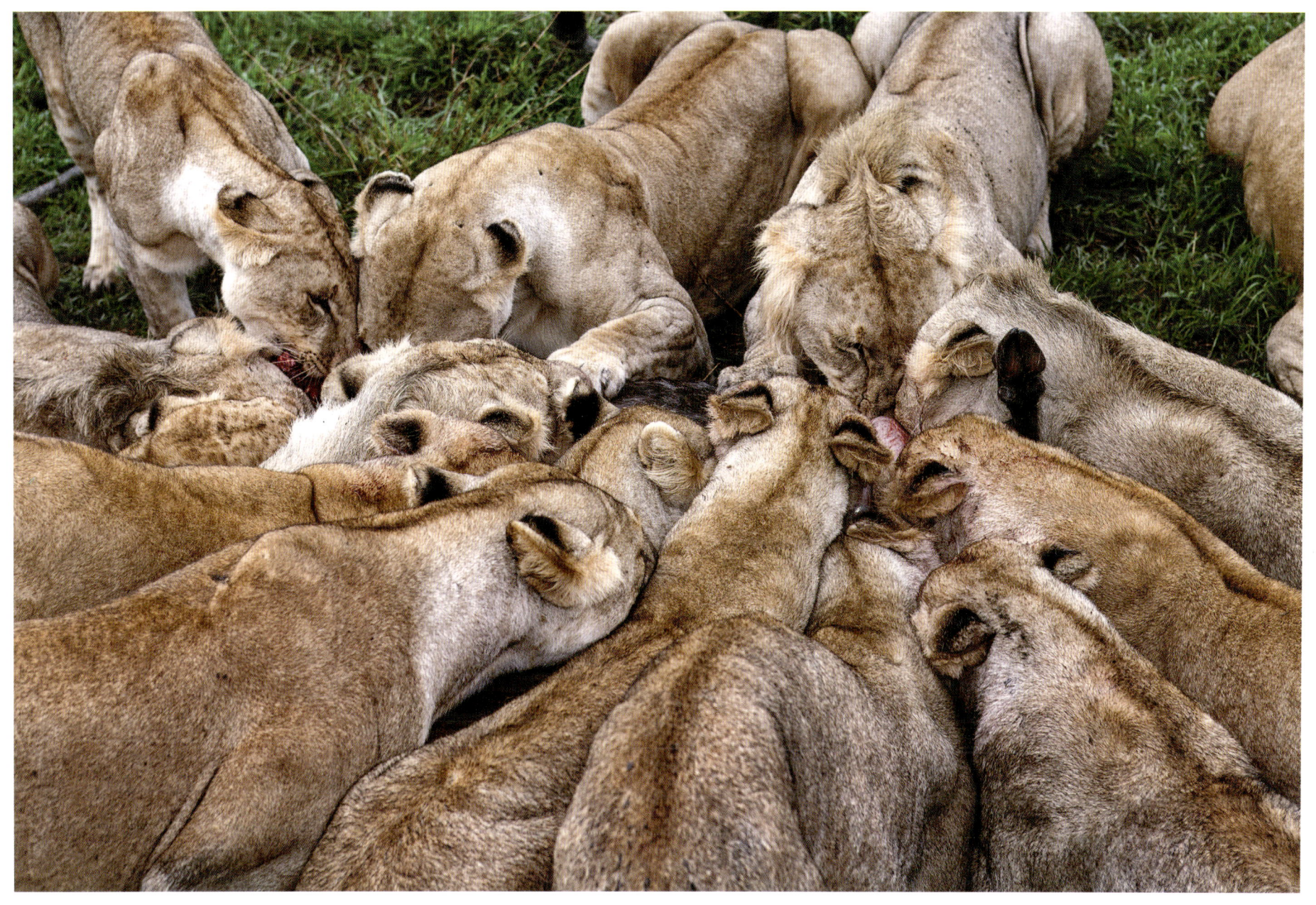

**사자 무리의 식사 시간**

케냐 마사이마라 국립보호구역에서 사자 무리가 먹잇감을 나눠 먹고 있다. 무리 생활을 하는 사자들에게서 먹잇감 마련은 보통 암사자들의 몫이다. 암사자들은 역할 분담을 통해 자신들보다 몸집이 큰 기린을 사냥하기도 한다. 사냥에 성공해 먹잇감을 마련하면 무리 내의 모든 구성원들이 돌아가면서 나눠 먹는다. © Denis-Huot / naturepl.com,, African Lion,, Masai-Mara, Kenya

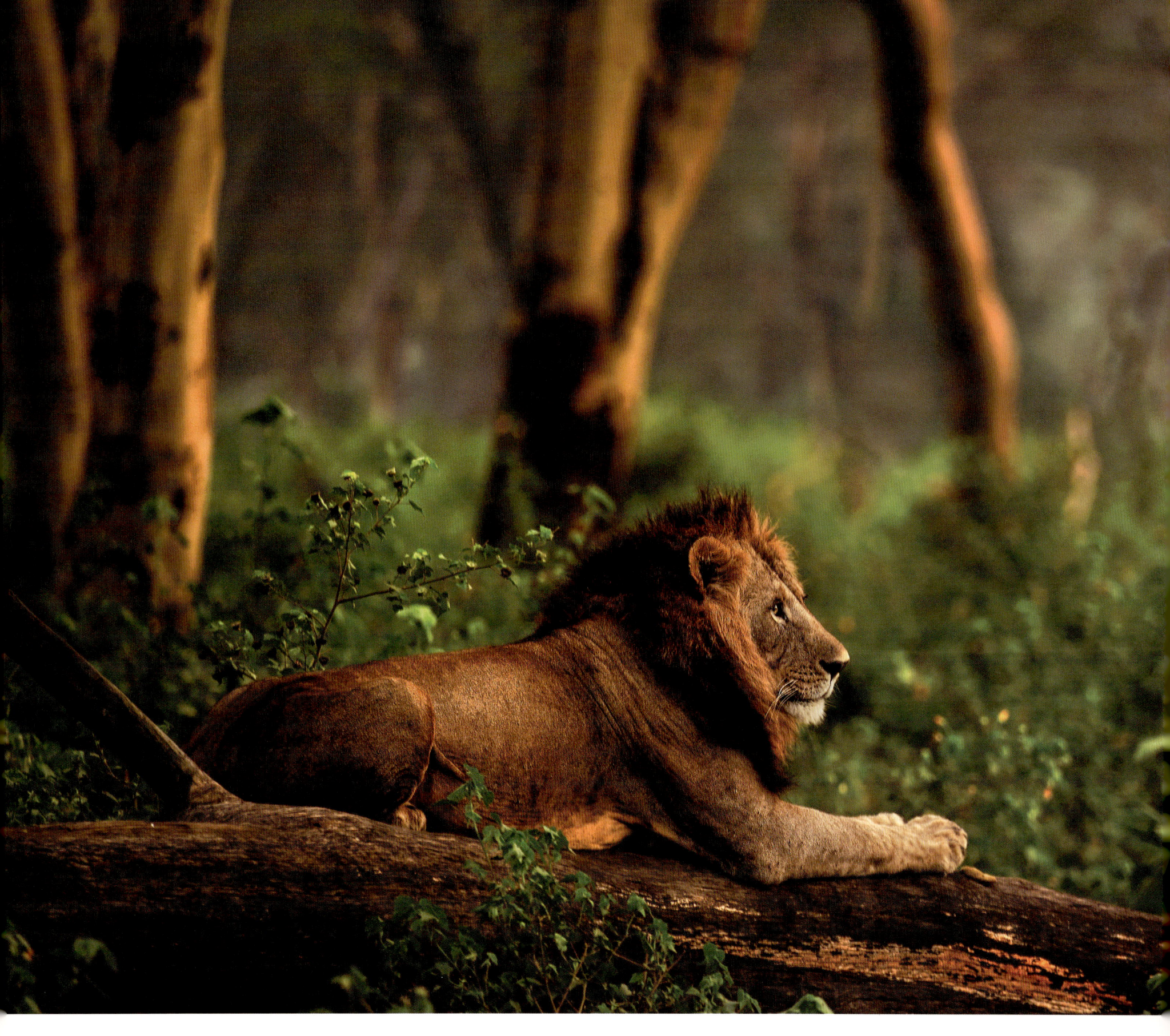

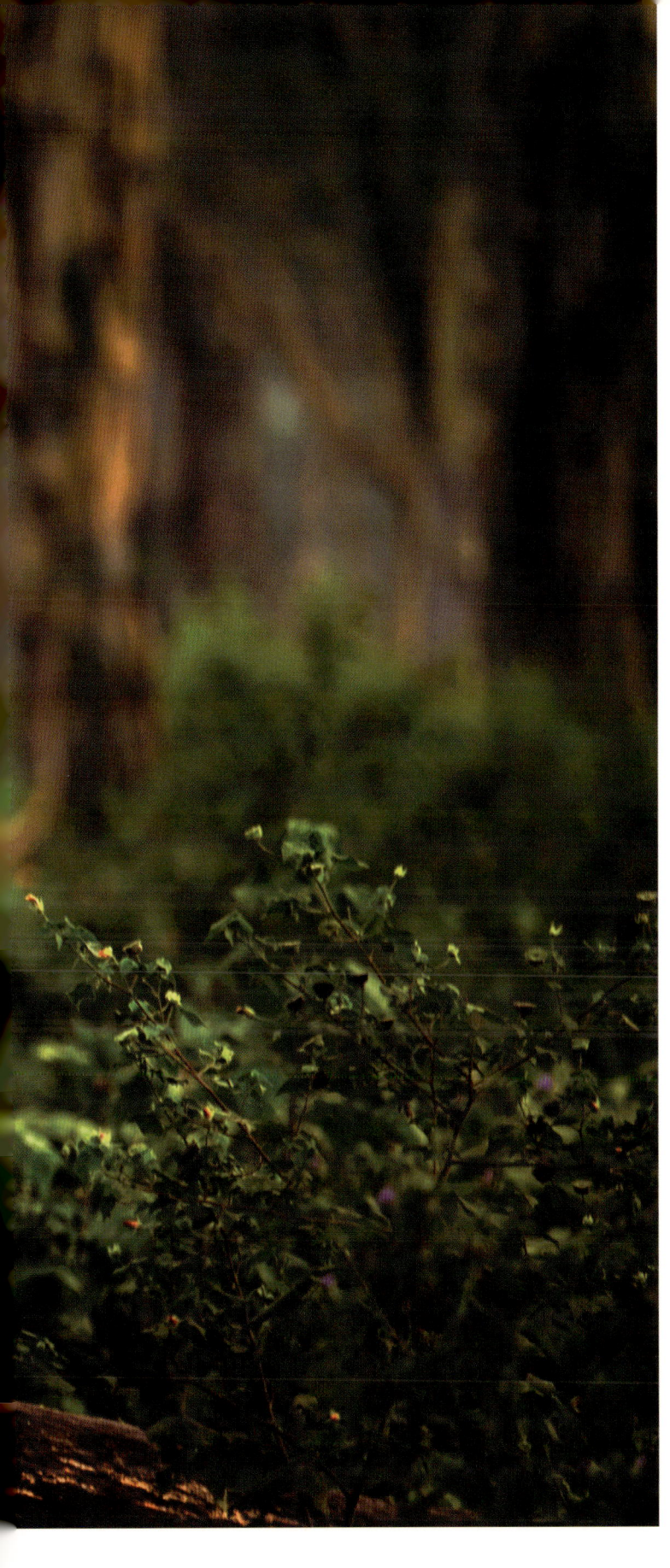

## 숲속에서 휴식을 취하고 있는 수사자

케냐 대지구대의 가장자리에 위치한 숲속에서 수사자가 그윽하게 앉아 앞을 바라보고 있다. 위풍당당(威風堂堂), 감히 범접할 수 없는 힘과 위엄을 가진 모습이다. 사진가의 말에 따르면 이 녀석은 골짜기가 쩌렁쩌렁 울릴 만큼 큰 소리로 포효하고 있었다고 한다. 하지만 아주 두려워할 필요는 없다. 위험한 사자는 눈에 보이지 않는 녀석이지, 이처럼 눈에 잘 띄는 녀석이 아니다. © Greg du Toit / Wildlife Exhibition Korea,, African Lion,, Rift Valley, Kenya

※사진가는 이 멋진 장면과 마주쳤을 때 너무 흥분해서 몸을 떨었던 탓에 셔터 속도를 '이상적이 아닌' 1/40초로 지정해야 했다고 털어놓는다.

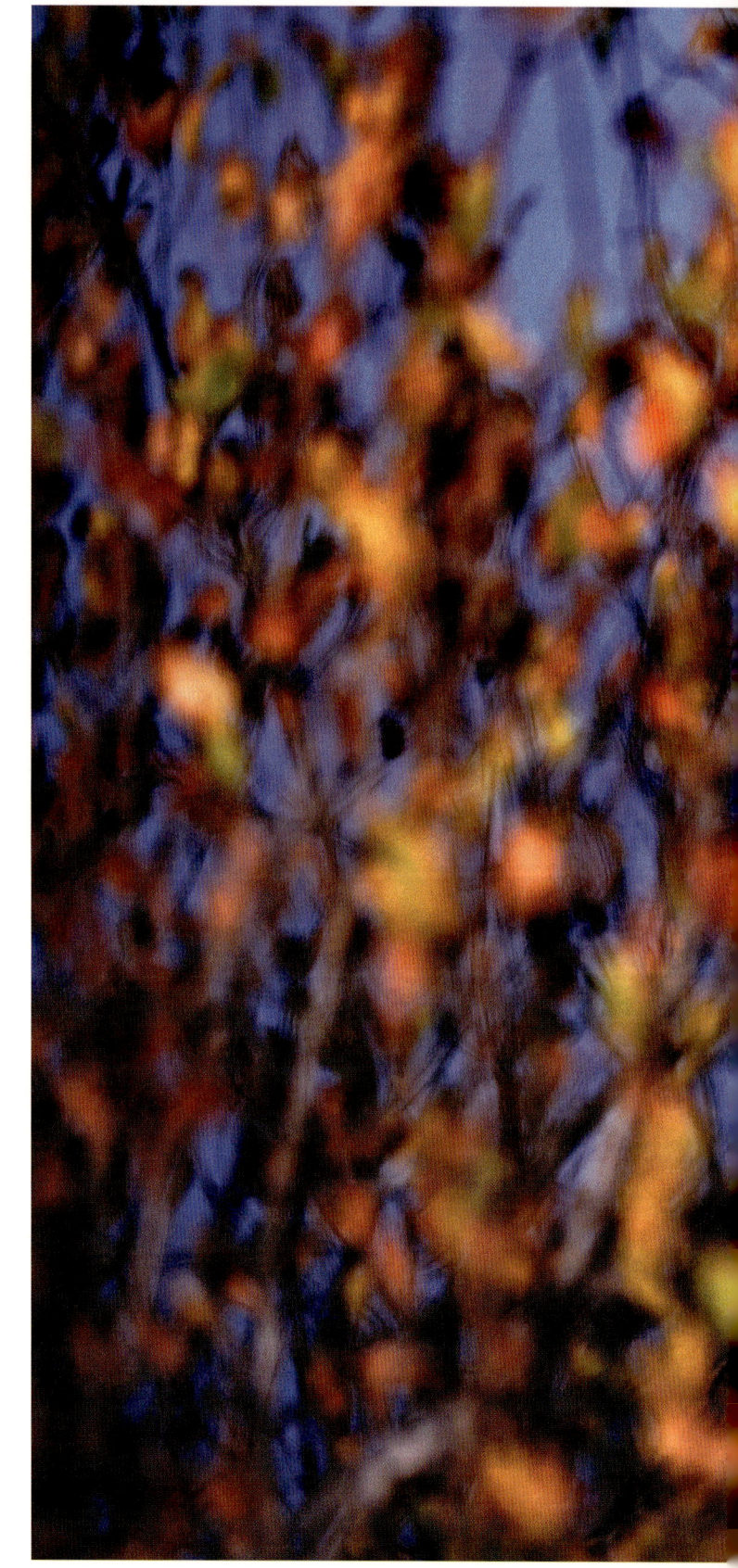

### 어둠을 기다리는 '밤의 사냥꾼', 표범

아름다운 얼룩무늬를 가진 표범이 나뭇잎 뒤에 엎드려 있다. 녀석은 황갈색 바탕에 검은 얼룩점이 박힌 가죽옷을 입고 있어 얼룩얼룩한 나뭇잎 뒤에 숨으면 거의 눈에 띄지 않는다. 홀로 밤에 사냥하기를 좋아하는 까닭에 '밤의 사냥꾼'이라 불리기도 하는 녀석은, 낮에는 대부분 이처럼 휴식을 취하며 시간을 보낸다. © Greg du Toit / Wildlife Exhibition Korea,, Leopard

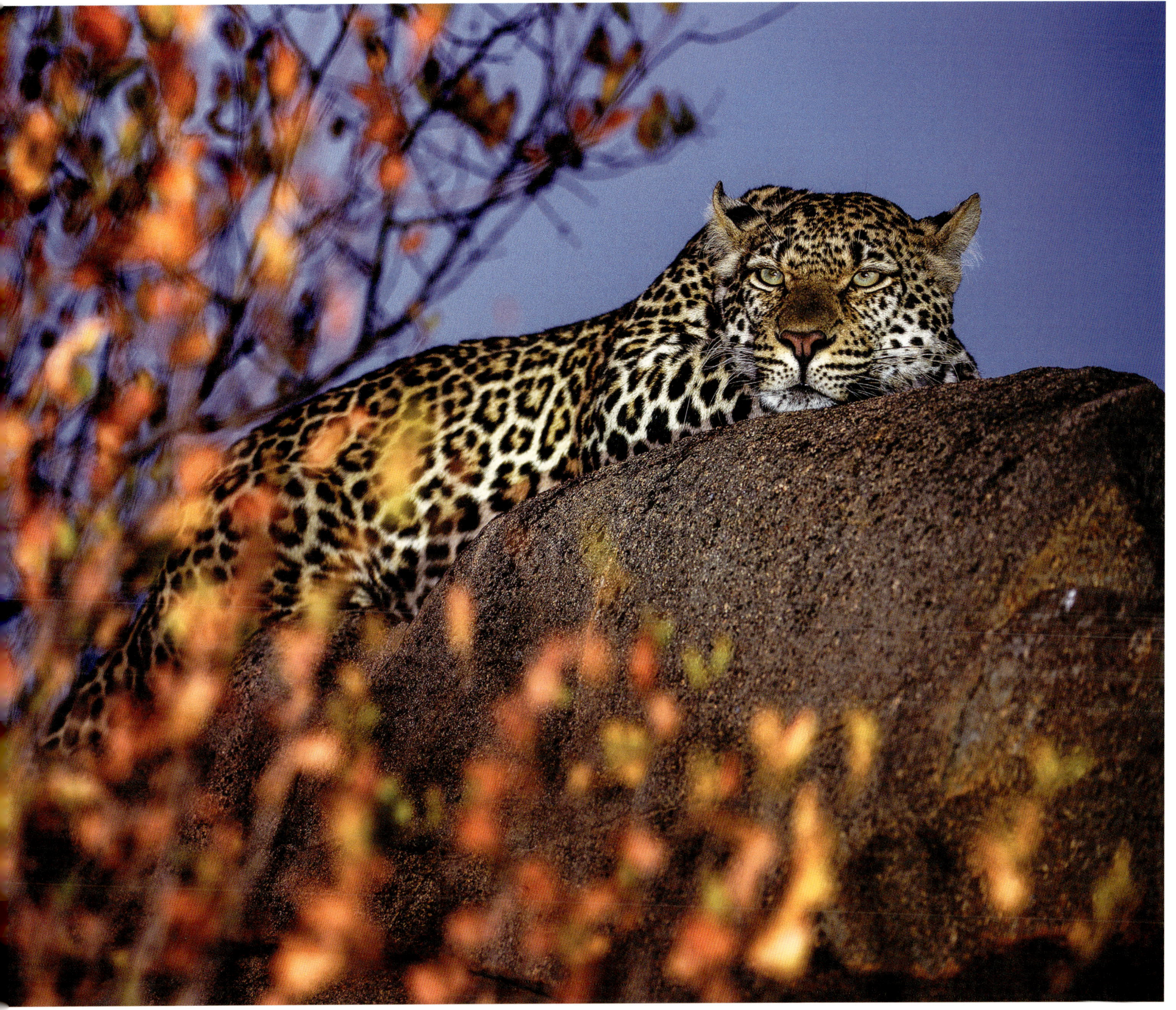

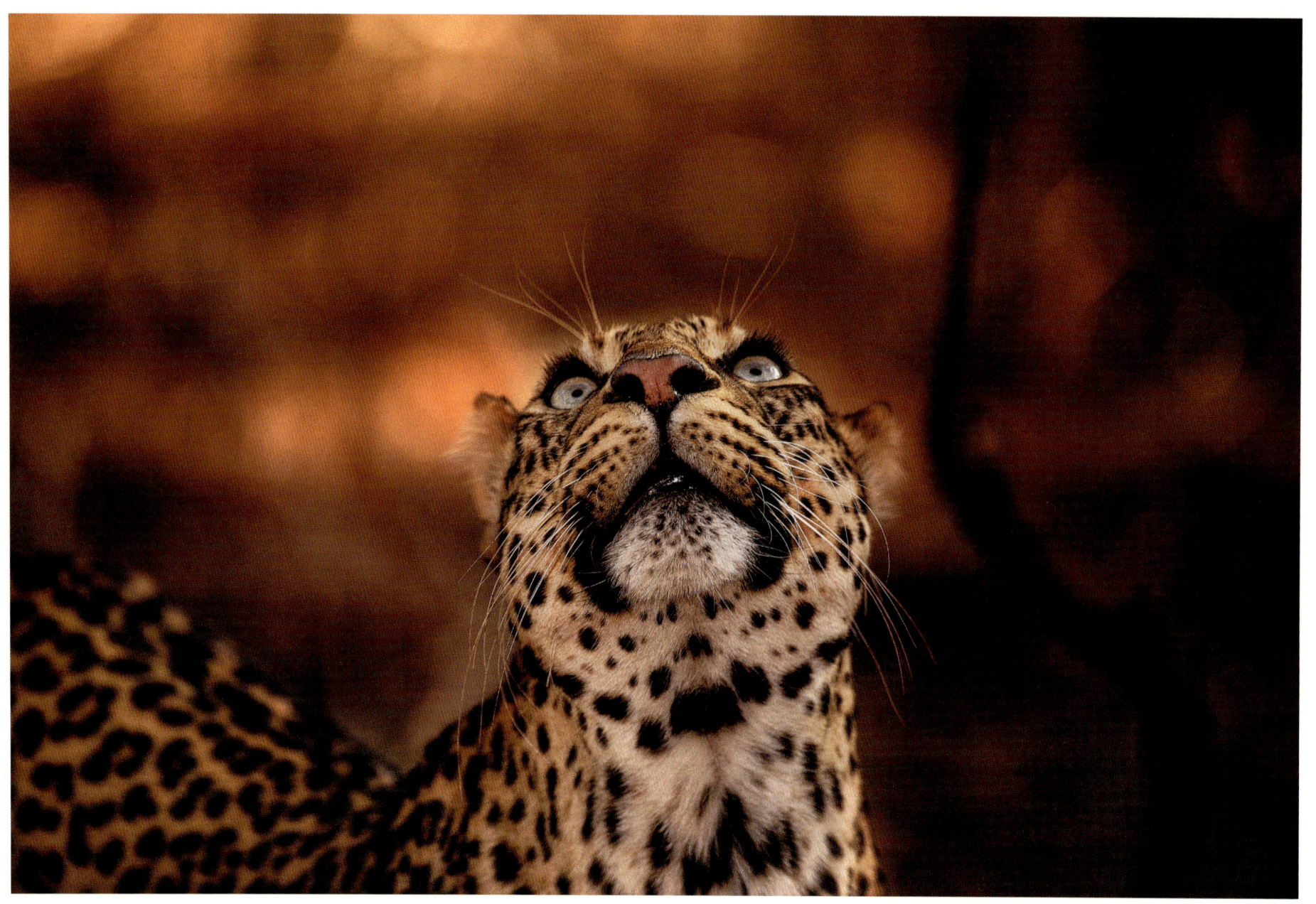

## 터무니없이 아름다운 표범의 눈빛

표범의 세계에서도 어미들은 말썽꾸러기 새끼들 때문에 속을 끓여야 한다. 이 표범은 지
난 밤 은신처에 숨겨 두었던 새끼 세 마리 중 두 마리를 잃었다가 겨우 다시 찾았다. 그
런데 지금은 나무 위에 올려놓은 먹잇감을 새끼들이 떨어뜨리는 바람에 이를 다시 나
무 위로 끌어 올려야 한다. 그래서일까? 나무 위를 올려다보는 녀석의 눈빛이 묘연하다.
—터무니없지만, 터무니없이 아름답다. © Greg du Toit / Wildlife Exhibition Korea,,
Leopard,, Tuli Block, Botswana

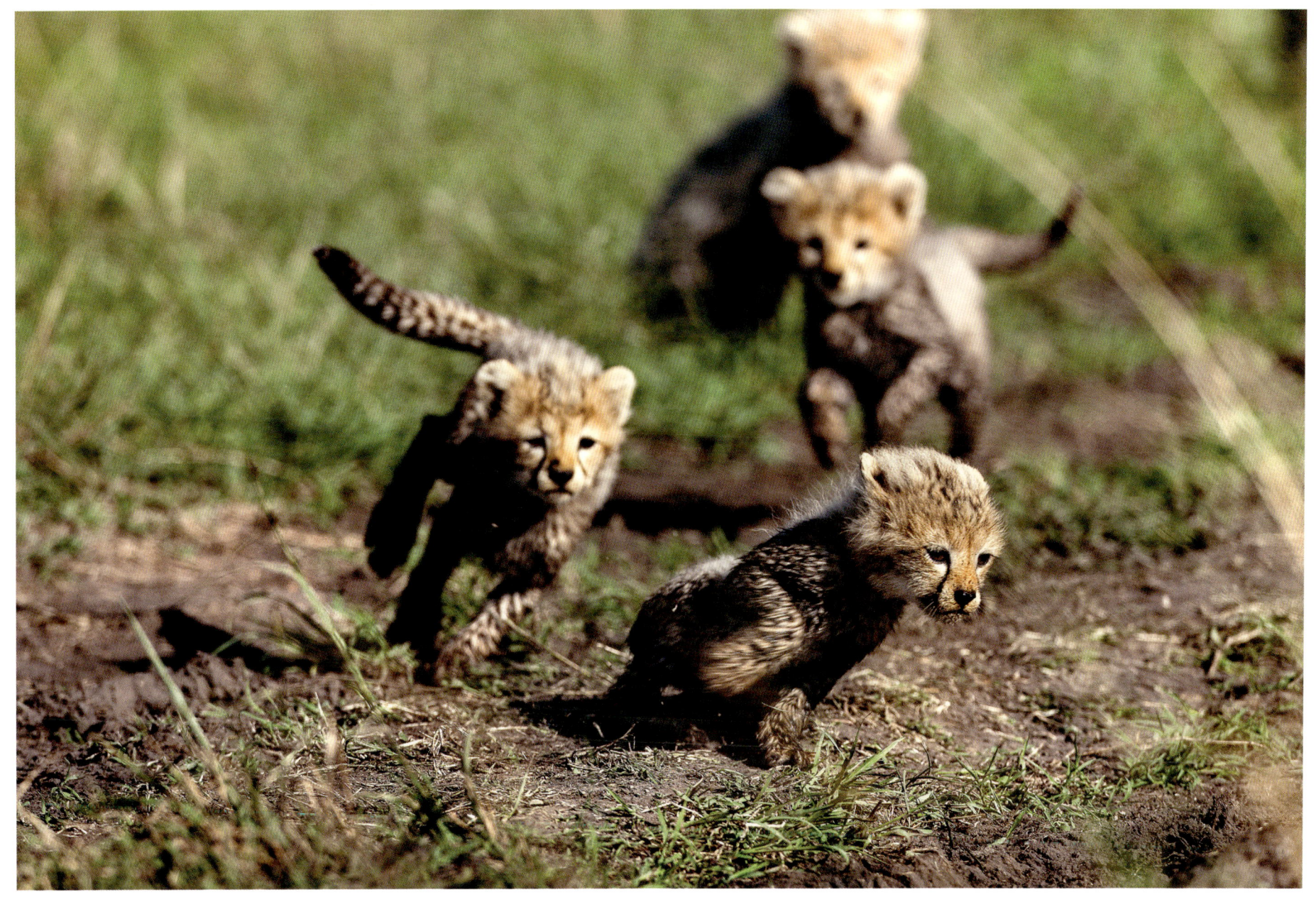

## 새끼 치타의 생존 확률

홀로 지내기를 좋아하는 치타는 새끼도 어미가 혼자 기른다. 하지만 이런 어미 치타의 습성은 새끼들에게는 치명적인 위험을 안겨준다. 어미가 먹이 사냥에 나선 사이 새끼들은 사자나 하이에나 같은 포식자들의 위협에 거의 무방비 상태로 노출된다. 이런 이유로 새끼 치타의 생존율은 10퍼센트에도 미치지 못한다. 사진은 케냐 마사이마라 국립보호구역에서 생후 6주 무렵의 새끼 치타들이 달리기를 하며 놀고 있는 모습이다. © Denis-Huot / naturepl.com,, Cheetah,, Masai Mara, Kenya

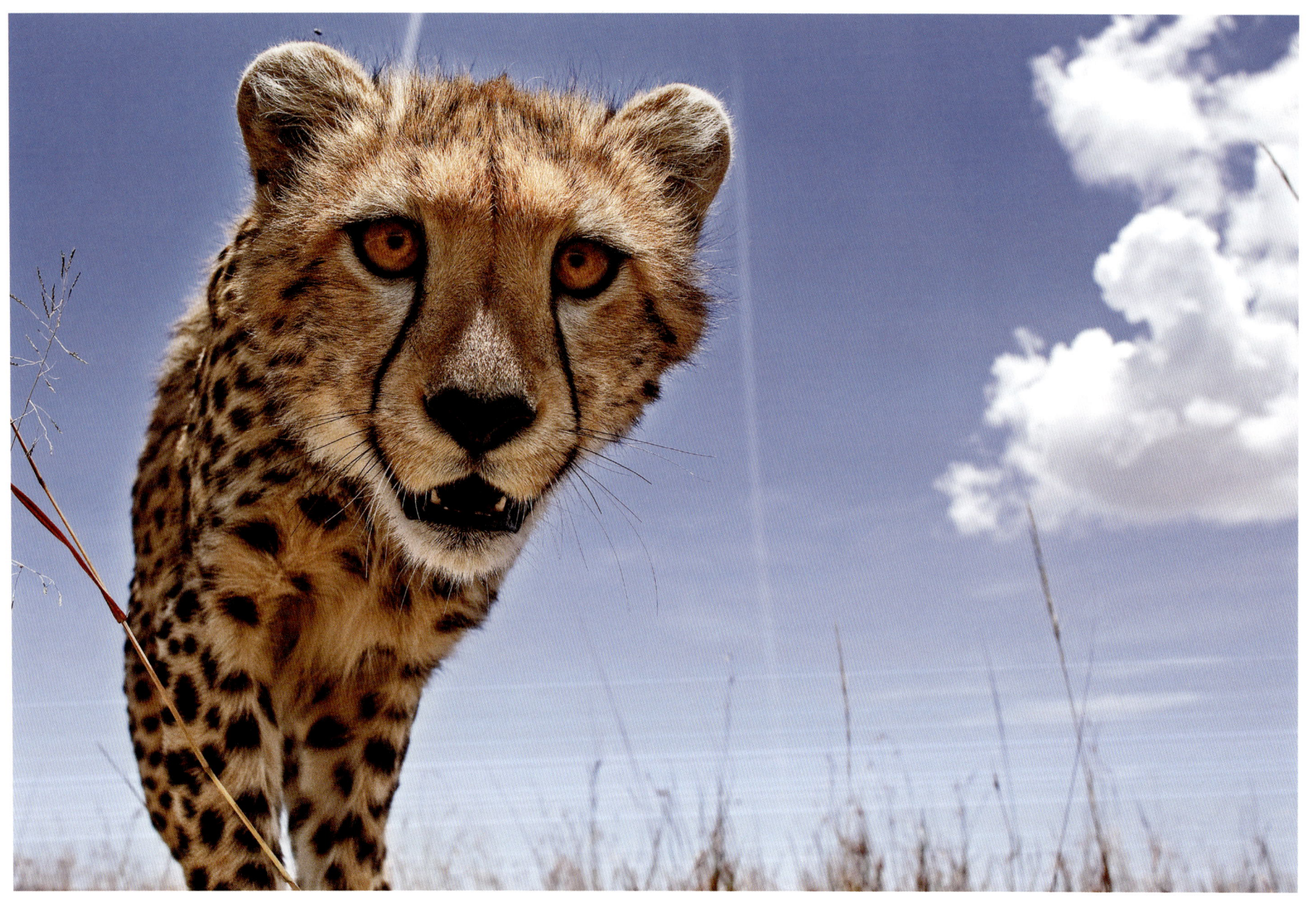

## 검은 줄무늬가 있는 치타의 얼굴

눈물선을 따라 흘러내리는 검은 줄무늬는 표범이나 재규어와는 확연히 구별되는, 치타만
의 특징이다. 하지만 치타가 자신만의 특징을 가지고 싶어 이런 줄무늬를 만든 것은 아니
다. 검은 줄무늬는 녀석들이 햇빛의 눈부심을 줄이기 위해 개발한 것이다. 주로 낮 시간 동
안 사냥에 나서는 녀석들에게 이 줄무늬는 야구선수들이 사용하는 검은 아이패치와도 같
다. © Anup Shah / naturepl.com,, Cheetah,, Masai Mara, Kenya, March

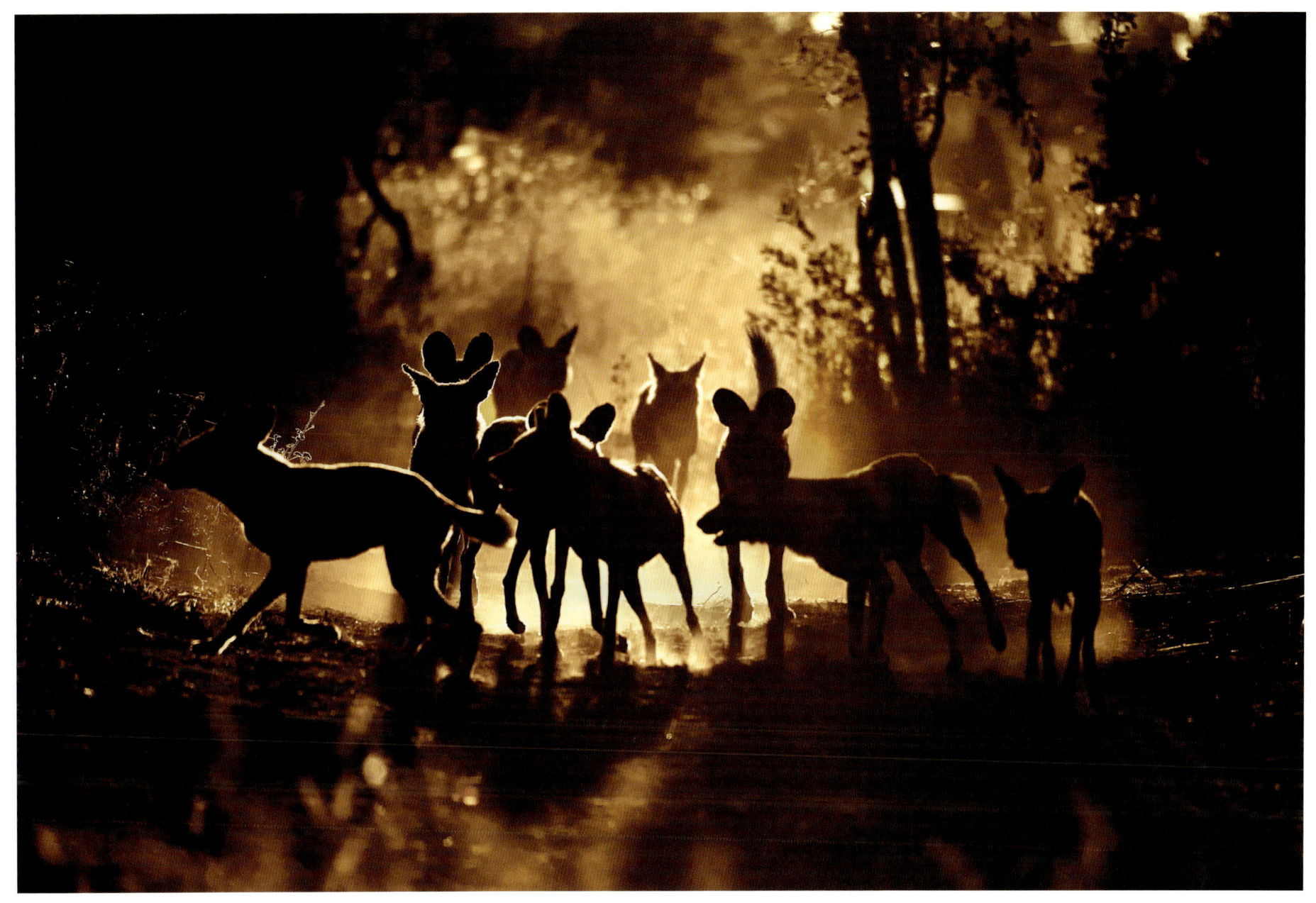

**아프리카들개 무리의 뛰어난 사냥 능력**

우르르 아침 햇살 속을 달려가는 아프리카들개 무리의 모습이 어딘가 엉성해 보인다. 하지만 녀석들이야말로 아프리카 야생의 진정한 사냥꾼이다. 시속 66킬로미터의 속도로 무려 60분 동안이나 달릴 수 있는 녀석들은 먹잇감을 사냥하기 위해 무리가 힘을 합쳐 유기적인 추격 전략을 구사하기까지 한다. 이런 까닭에 녀석들보다 몸무게가 10배나 나가는 얼룩말이나 검은꼬리누조차 녀석들의 공격을 피하기 힘들다. © Greg du Toit / Wildlife Exhibition Korea,, African Wild Dog,, Sabisand Game Reserve, South Africa

**장엄하면서도 엄숙한 호랑이의 위용**

장엄하고 엄숙하다. 과연 광대한 숲에 자신만의 제국을 세우고, 홀로 모든 침입자들을 막아내는 맹수(猛獸)의 모습답다. 어두운 밤이 오면 녀석은 동공을 좀더 크게 열고 사람보다 6배나 뛰어난 시력으로 숲을 거닐기 시작할 것이다. 호랑이는 가장 사나운 육식동물이지만 동시에 가장 아름다운 동물이기도 하다. © Marina Cano / Wildlife Exhibition Korea,, Tiger,, Cabárceno Wildlife Park, Spain

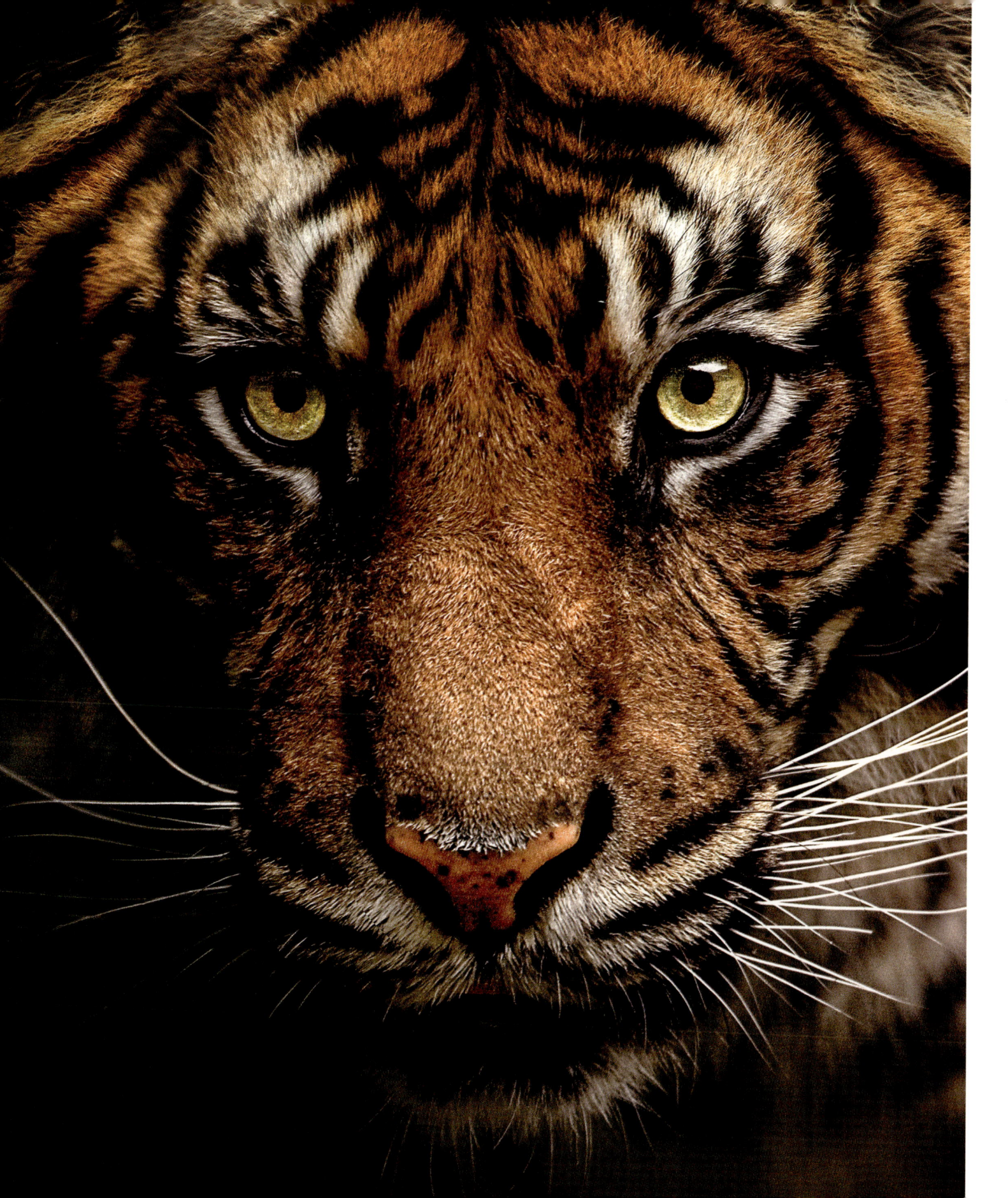

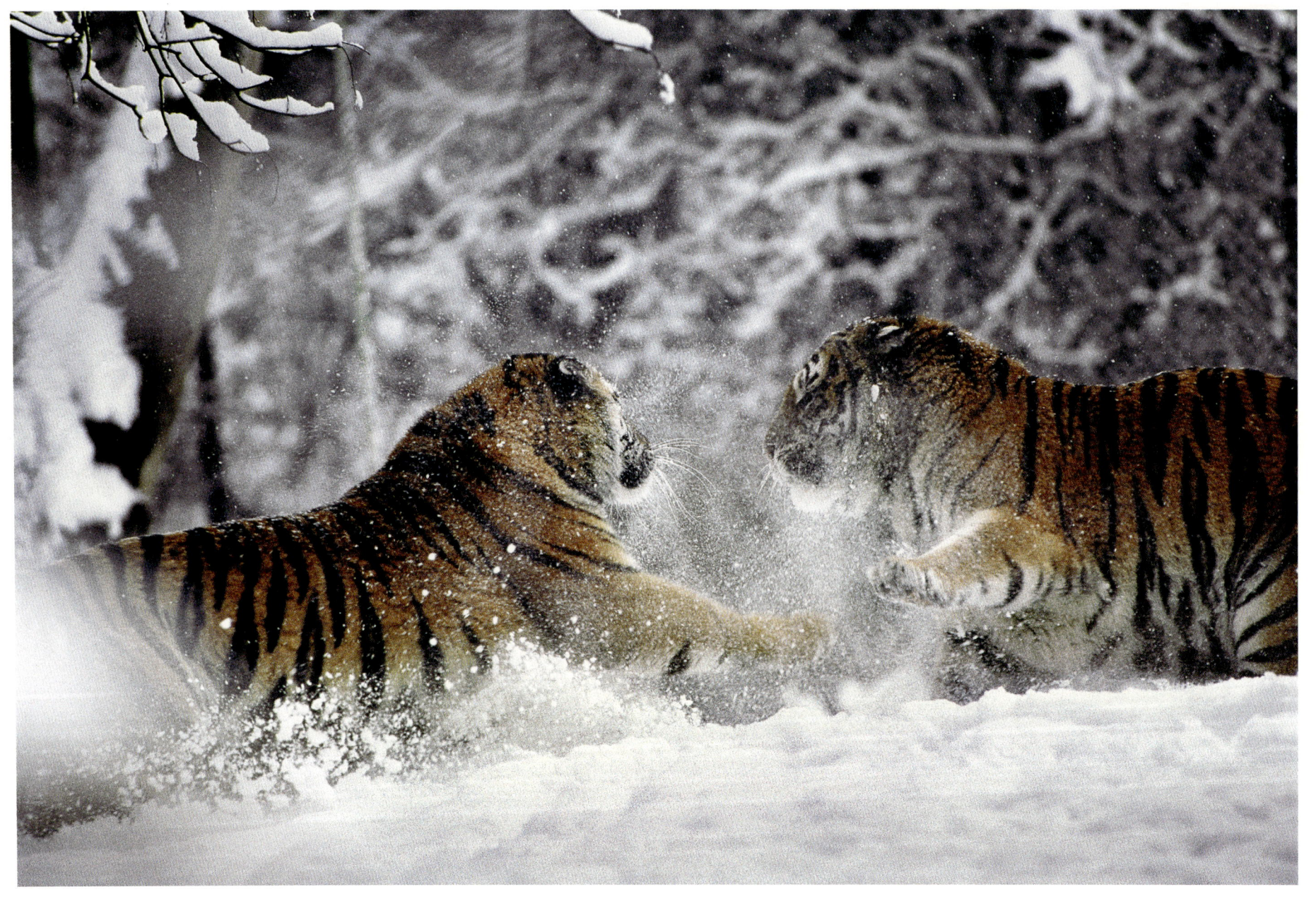

**눈밭에서 놀고 있는 아무르호랑이들**

호랑이는 보통 단독 생활을 하지만, 짝짓기에 나선 암수 호랑이나 한 배에서 나서 자란 형제 호랑이들의 경우 함께 생활하기도 한다. 사진은 러시아 극동 지역의 눈 쌓인 숲에서 장난을 치고 있는 아무르호랑이들의 모습이다. 러시아 극동 지역의 숲에는 약 400~500마리의 아무르호랑이가 살고 있는 것으로 알려져 있다. © Konrad Wothe / Minden Pictures,, Amur Tiger,, Southeast Siberia, Russia

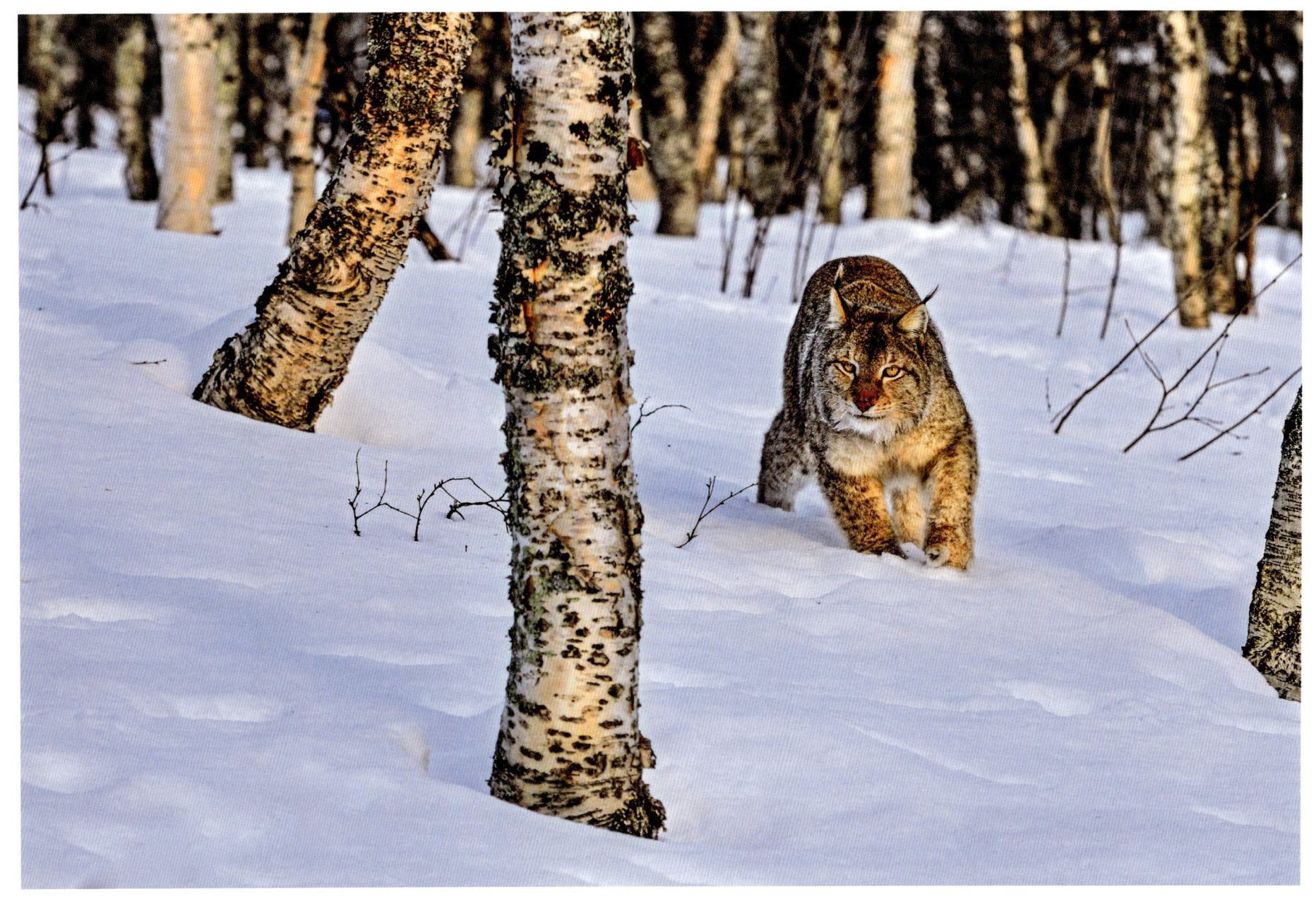

### 눈 쌓인 숲속의 스라소니

희끗희끗한 은갈색 털을 가진 스라소니가 눈 쌓인 숲에서 먹잇감을 쫓고 있다. 스라소니는 겨울이면 좀더 길고 풍성해지는 털과 함께 텁수룩한 털이 달린 큰 발을 가지고 있다. 덕분에 싸늘한 추위를 거뜬히 이겨내며 눈밭을 달릴 수 있다. 귀 끝의 검은 털은 녀석이 소리의 방향을 탐지하는데 도움을 주는 것이다. © Jasper Doest / Minden Pictures,, Eurasian Lynx,, Norway

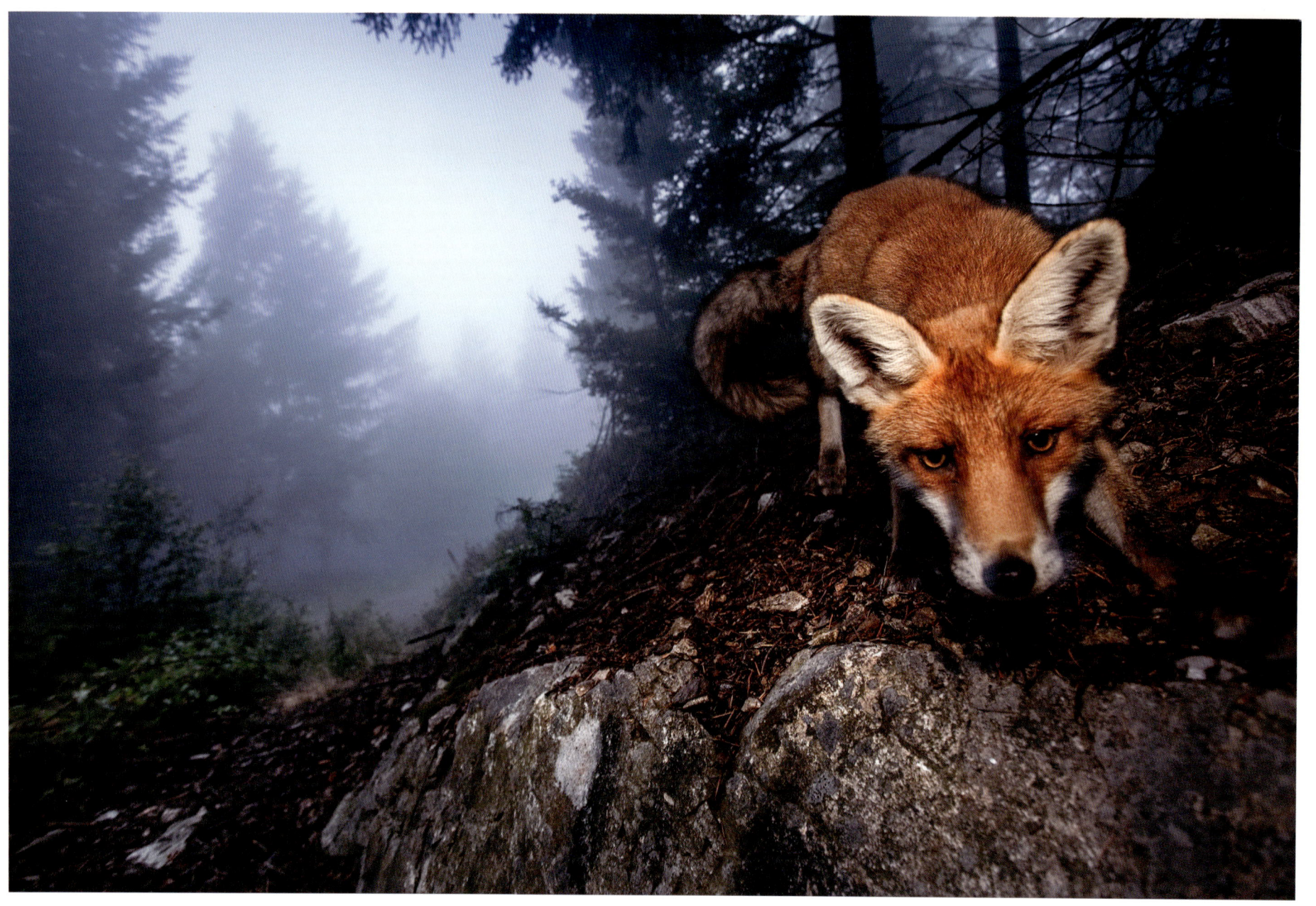

## 붉은여우가 호기심을 충족시키는 방법

사진기를 빤히 들여다보고 있는 것이, 사진가에게 무엇인가 말하고 싶은 것이라도 있는 눈치다. 하지만 독일 바덴-뷔르템베르크의 '검은숲(Schwarzwald)'에 사는 이 암컷 붉은여우의 호기심을 충족시켜 주는 것은 눈이 아니라 귀다. 어떤 야생동물보다 예민한 청각을 가진 붉은여우는 눈보다도 귀를 실룩거리며 더 많은 것을 느낀다. © Klaus Echle / naturepl.com,, Red Fox,, Baden-Württemberg, Germany, July

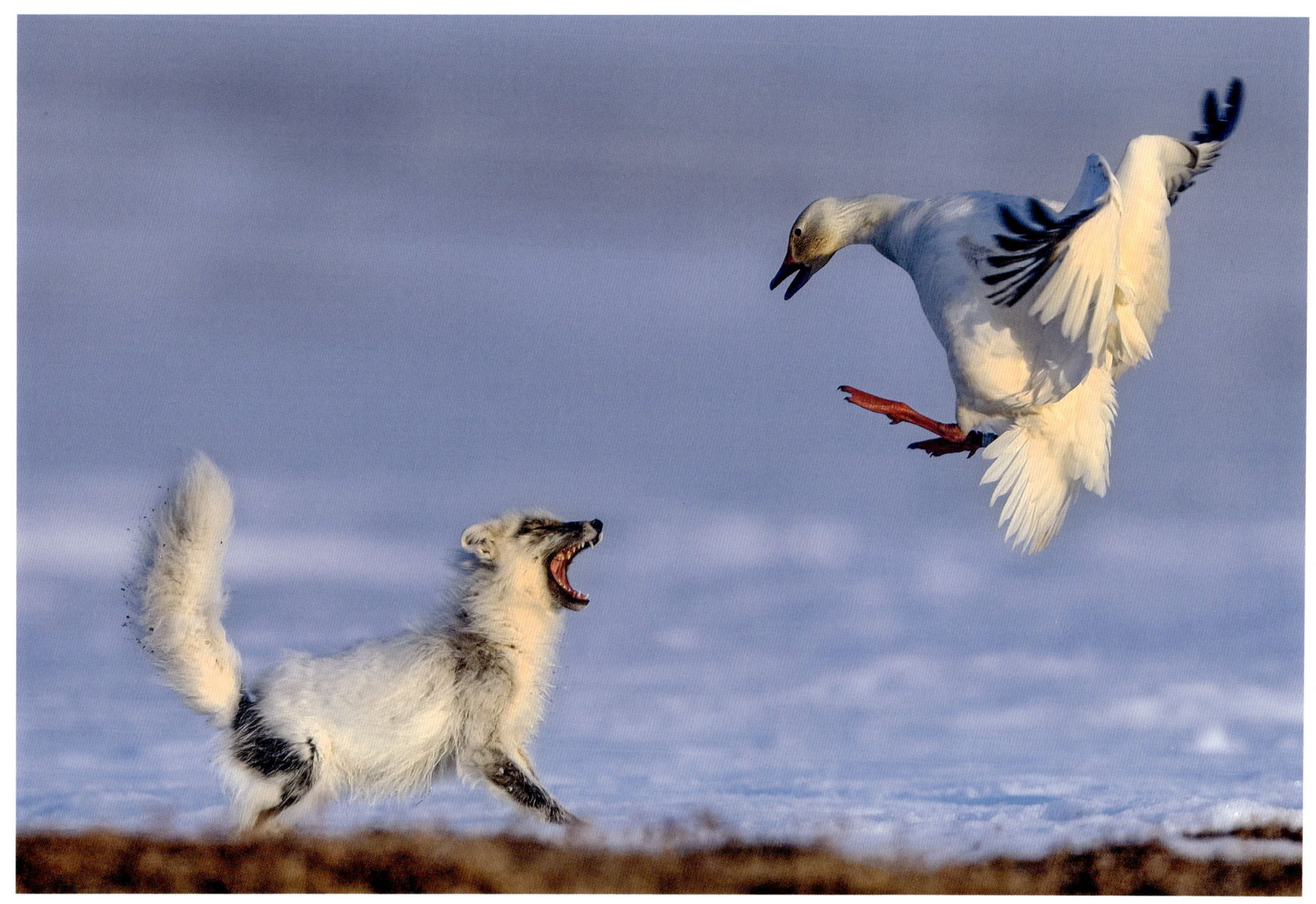

## 북극여우와 흰기러기의 '이유 있는' 맞대결

너무 추워서 정신이 나간 것일까? 하늘 위의 흰기러기를 뒤쫓는 북극여우나 포식자인 북극여우에 맞서는 흰기러기나 어이없어 보이기는 마찬가지다. 하지만 이런 일이 아무 이유없이 일어나는 것은 아니다. 북극여우가 탐내는 것은 하늘 위의 흰기러기가 아니라 흰기러기를 쫓아내면 맛볼 수 있는 둥지 속의 알이다. 흰기러기가 순순히 물러날 수 없는 것도 당연하다. © Sergey Gorshkov / Wildlife Exhibition Korea,, Arctic Fox, Snow Goose,, Wrangel Island, Russia, June

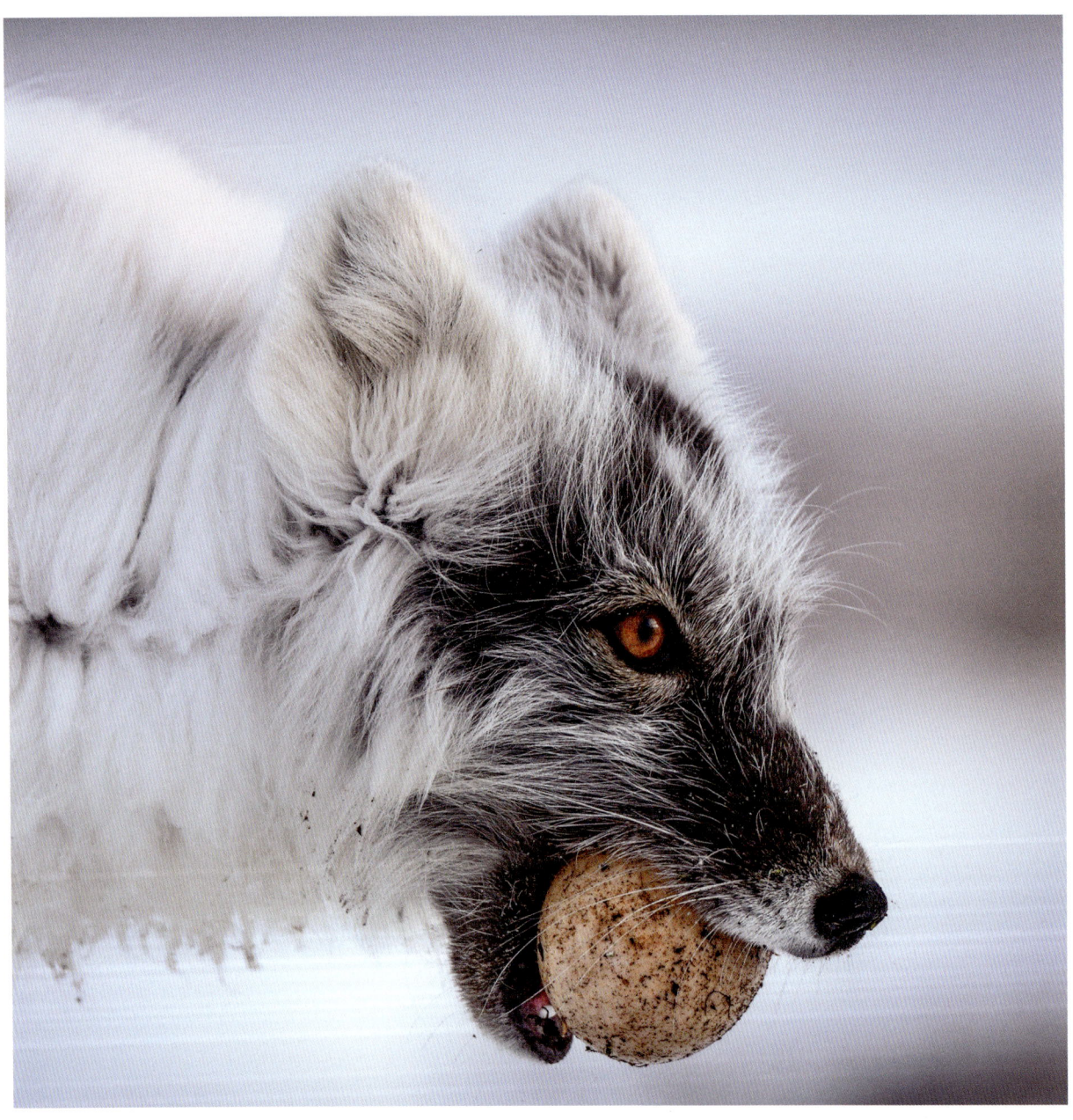

## 흰기러기의 알을 훔치는 북극여우

러시아 북동부 브랑겔 섬에서 북극여우들은 최대 18마리에 이르는 새끼를 낳는다. 그리고 엄청나게 먹어대는 새끼들을 위해 흰기러기 둥지를 뒤진다. 다행히 브랑겔 섬에는 흰기러기 알이 충분하다. 북극여우들이 새끼를 낳는 5~6월 무렵에는 흰기러기들도 브랑겔 섬으로 몰려와 번식을 시작한다. 북극여우는 하루에 흰기러기 알을 무려 40개까지 훔치기도 하는데, 이는 새끼들의 미래를 위해 알을 숨겨두려고 하기 때문이다. © Sergey Gorshkov / Wildlife Exhibition Korea,, Arctic Fox,, Wrangel Island, Russia, June

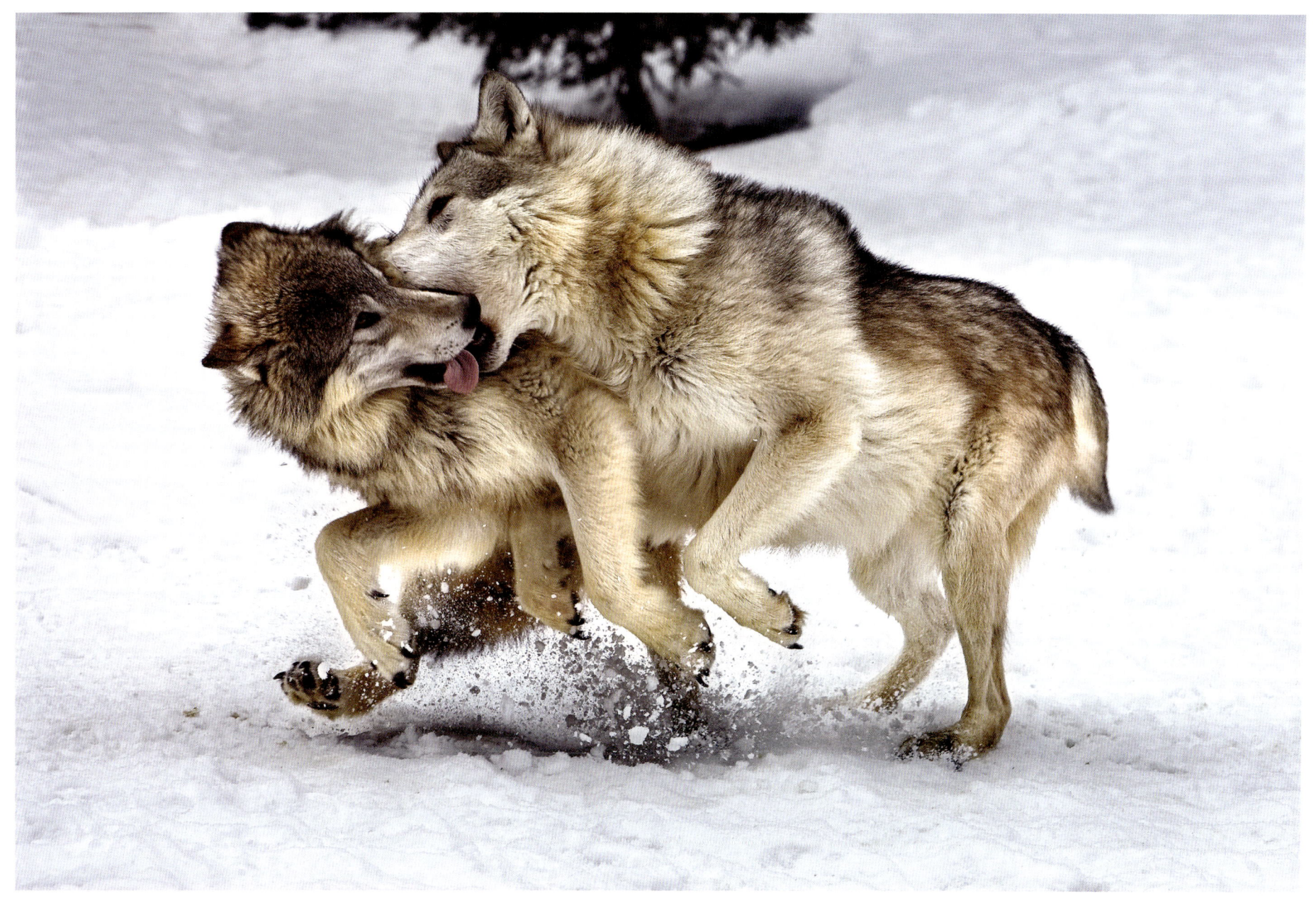

## 엄격한 위계질서를 지켜야 하는 회색늑대들

회색늑대 두 마리가 지배와 복종의 관계를 확인하고 있다. 회색늑대의 사회에서 낮은 자세로 상대방 늑대의 얼굴을 핥는 행동은 복종을 표시하는 것이다. 반면 높은 자세로 상대방 늑대의 주둥이를 깨무는 행동은 지배를 표시하는 것이다. 엄격한 위계질서를 갖춘 회색늑대 사회에서 무리의 구성원들은 무리 내에서 자신의 지위를 인식하고 이 지위에 따라 행동해야 한다. © Matthias Breiter / Minden Pictures,, Grey Wolf,, Montana, United States

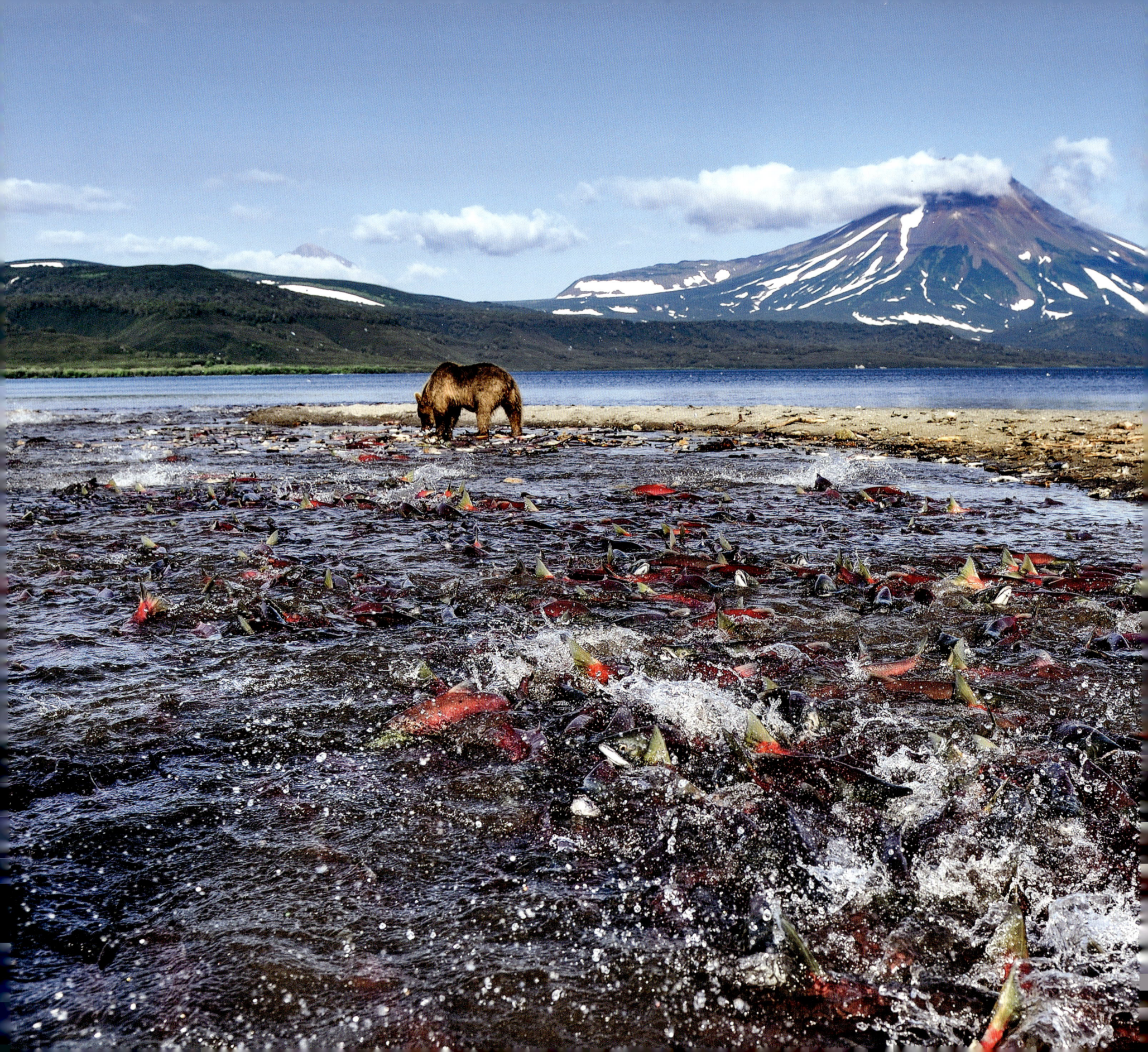

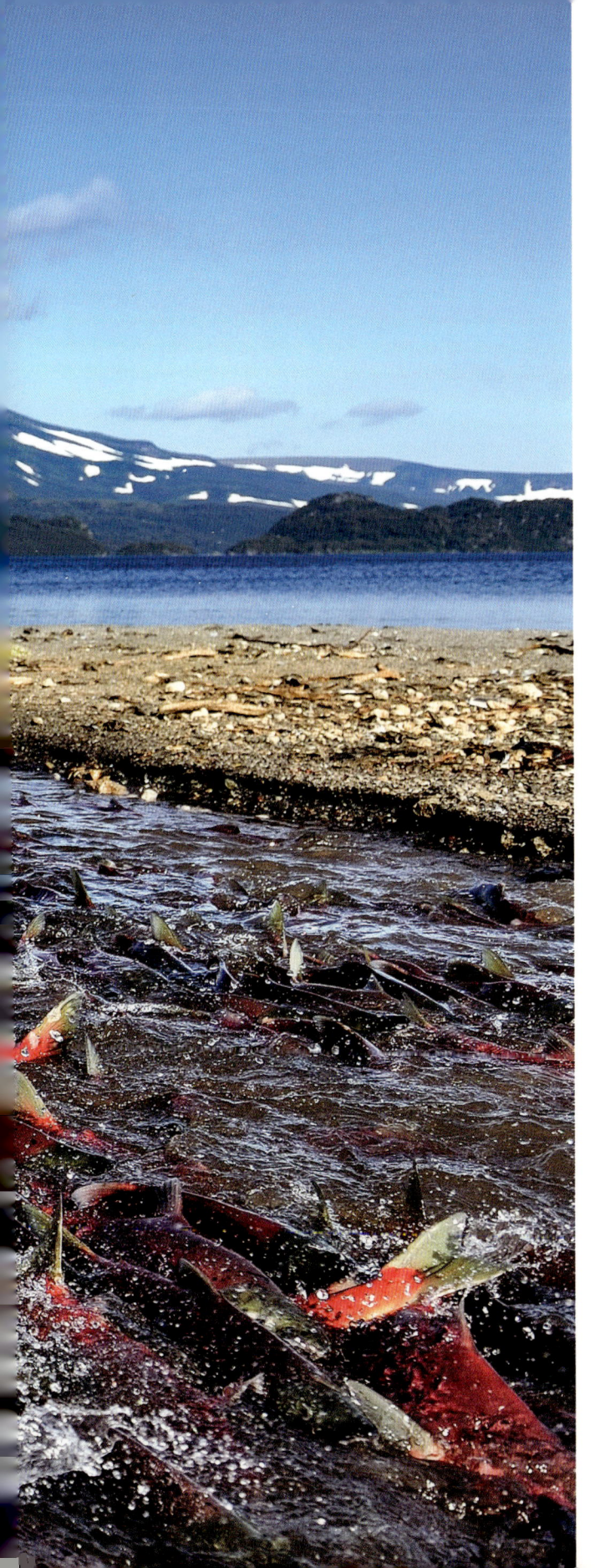

### 홍연어 만찬을 즐기는 불곰

러시아 캄차카 반도의 쿠릴 호에서 불곰이 홍연어 만찬을 즐기고 있다. 동면에 들어가기 전 최대한 체지방을 축적해야 하는 녀석으로서는 '이보다 더 좋을 수 없는' 시간이다. 최고의 홍연어 산란지인 쿠릴 호 일대는 불곰에게 가장 살기 좋은 곳이다. © Sergey Gorshkov / Wildlife Exhibition Korea,, Brown Bear,, Kamchatka, Russia

※곰이 사진가를 해친 경우는 사자와 호랑이와 표범과 상어가 사진가를 해친 경우를 합친 것보다 더 많다고 한다. 그럼에도 불구하고 사진가는 종종 녀석들의 코앞까지 접근해 촬영했다.

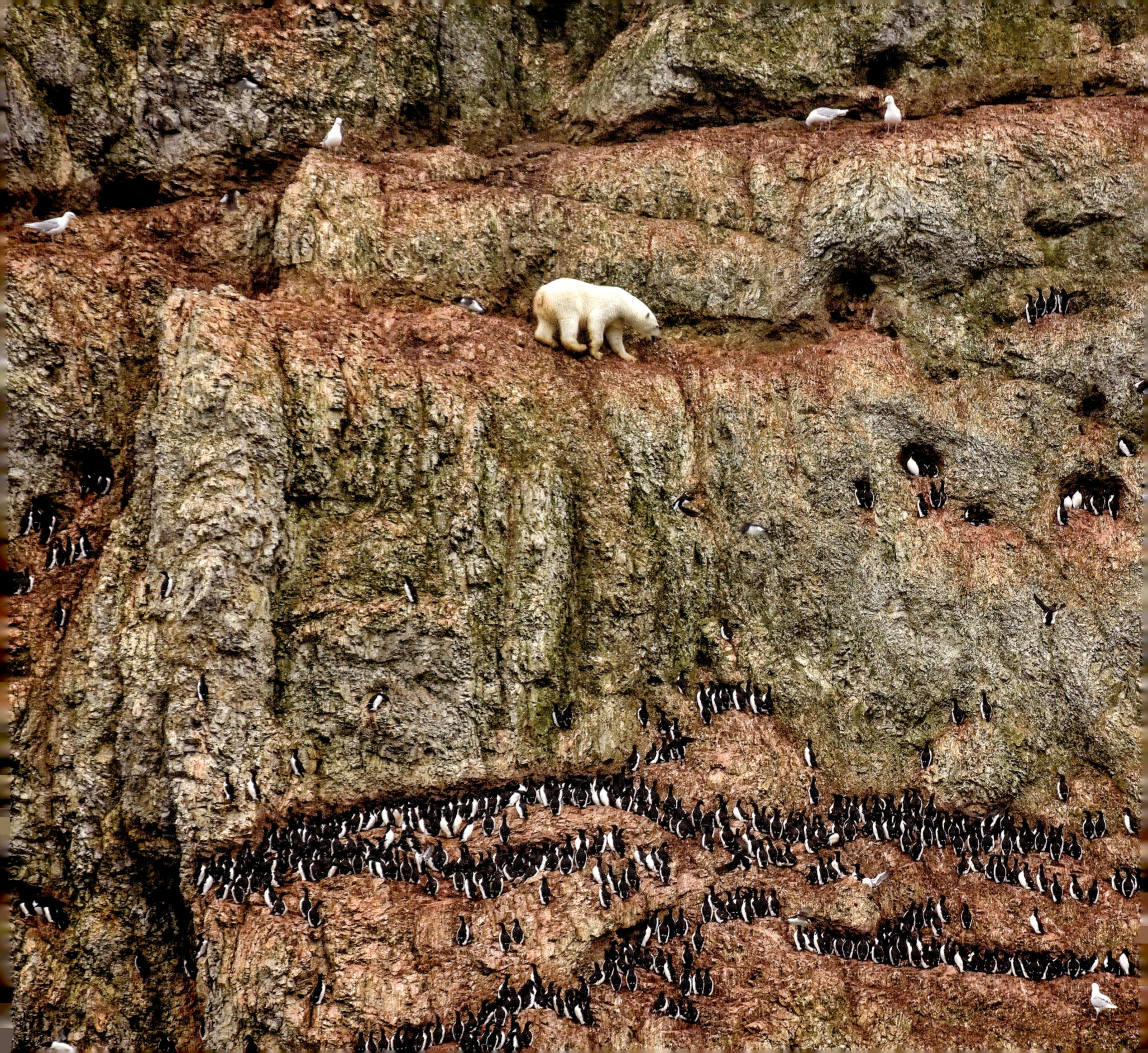

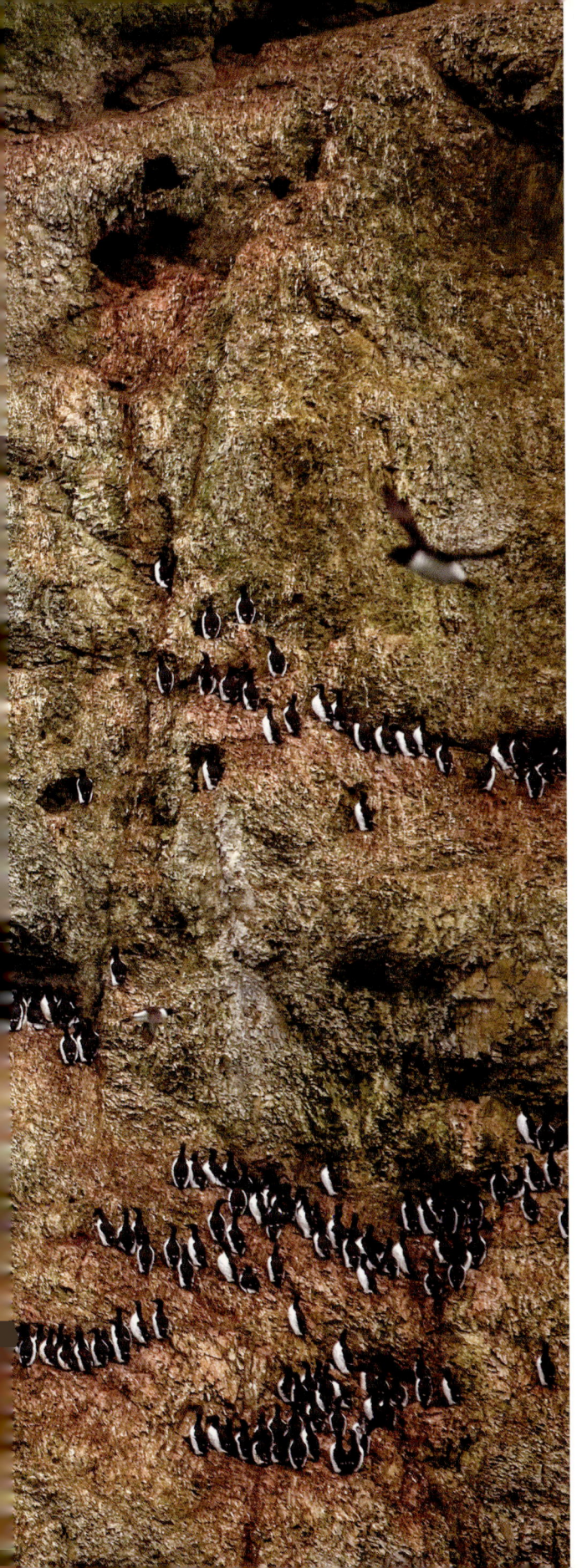

## 북극곰이 암벽 타기에 나선 까닭

러시아 서북부에 위치한 노바야젬랴 제도의 한 벼랑 위—. 큰부리바다오리의 알을 노리는 수컷 북극곰 한 마리가 아슬아슬한 암벽 타기에 나섰다. 녀석이 이처럼 큰부리바다오리의 알을 찾아 나선 것은 얼음이 녹아버린 바다에서는 더 이상 자신이 좋아하는 먹잇감을 찾을 수 없었기 때문이다. © Jenny E. Ross / naturepl.com,, Polar Bear,, Novaya Zemlya, Russia

※사진가에 따르면, 이 북극곰은 큰부리바다오리의 알을 얻는 데는 실패했지만 벼랑에서는 무사히 내려왔다고 한다.

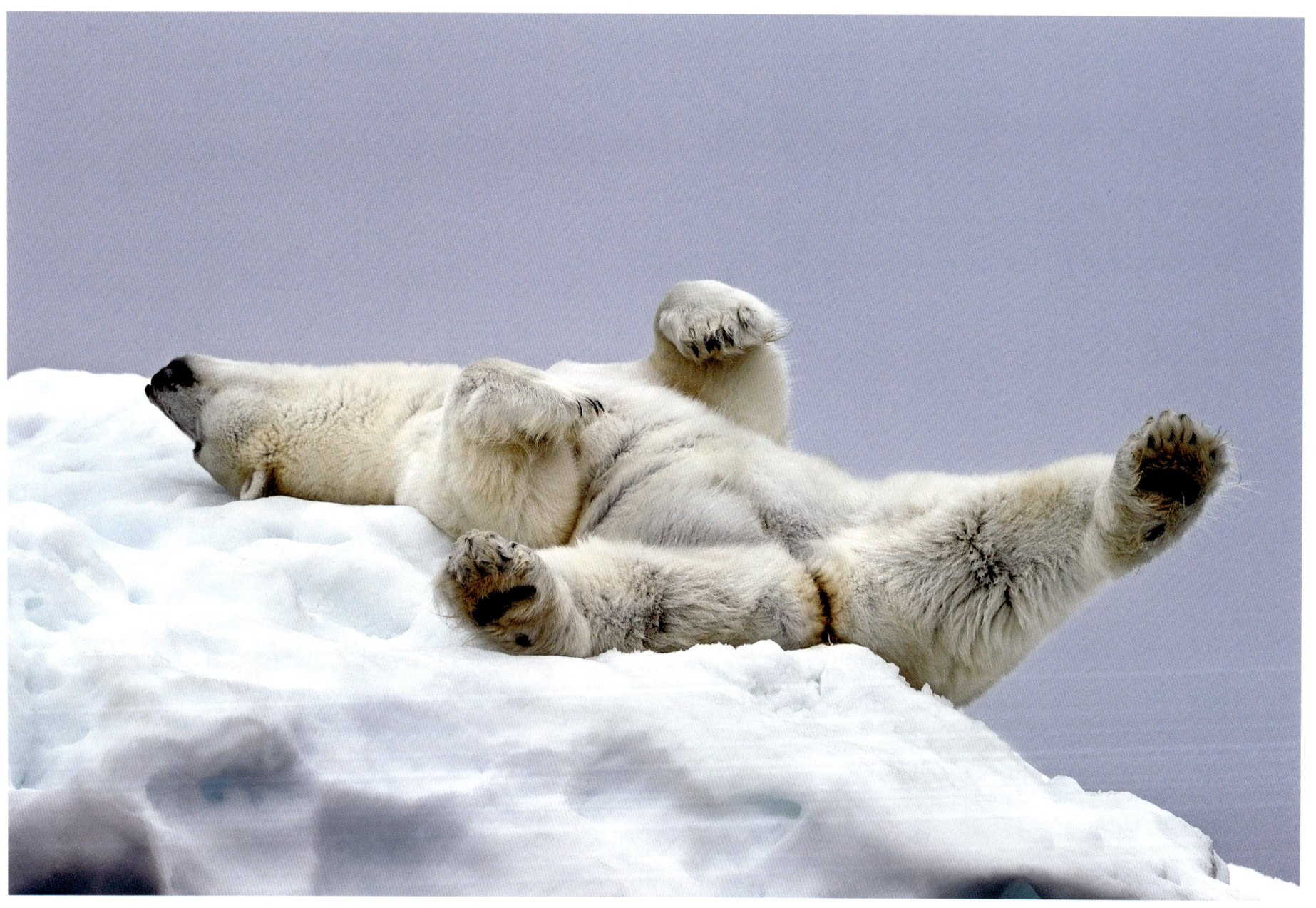

## 에너지 절약에 나선 북극곰

북극해에 면한 스발바르 제도의 눈밭 위에서 북극곰이 뒷다리를 쭉 편 채 잠에 빠져들고 있다. 북극곰은 동면에 들어가는 불곰이나 흑곰과는 달리 언제 어디서나 그냥 잠을 잔다. 녀석들은 한번 잠들면 7~8시간 동안은 깨어나지 않고 계속 자는데, 이 같은 잠을 통해 에너지를 절약한다. © Andy Rouse / naturepl.com,, Polar Bear,, Svalbard, Norway, August

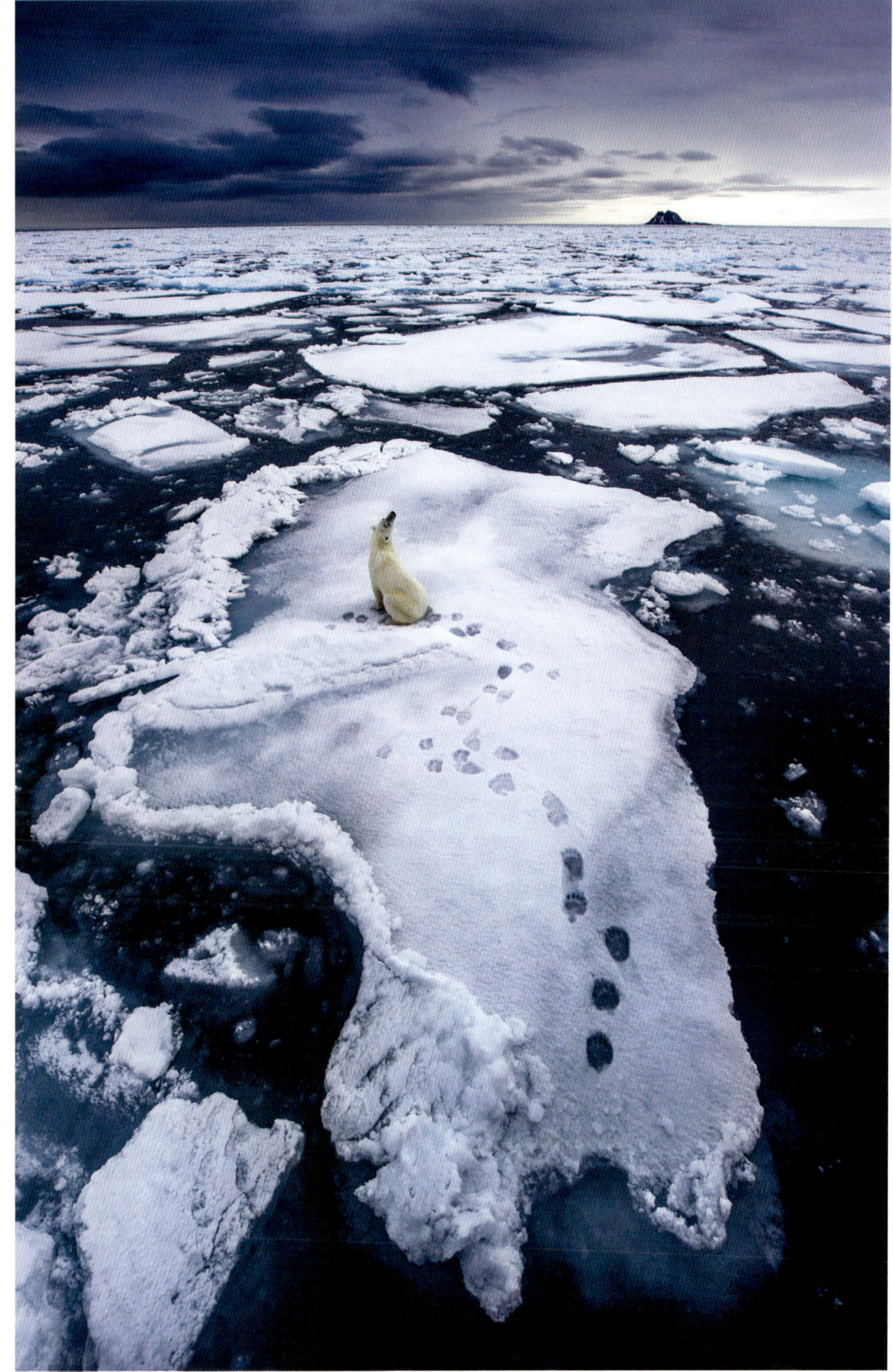

**해빙 위에 우두커니 앉아 있는 북극곰**

북극곰 한 마리가 북극해에 면한 스발바르 제도의 해빙 위에 우두커니 앉아 있다. 오도 가도 못하고 하늘을 올려다보는 것이 무슨 말 못할 걱정거리라도 있는 것처럼 보인다. 반달무늬물범이나 턱수염물범처럼 좋아하는 먹잇감이 녹아내리는 얼음과 함께 점차 줄어드는 일에 대한 걱정일까? © Ole Jørgen Liodden / naturepl.com,, Polar Bear,, Svalbard, Norway, August

# 땅의 초식동물들
# LAND HERBIVORES

아름답고 부드러우며 거친 야성(野性)이 살아 있는
야생동물들의 모습이 바로 내가 원하는 것이었다. 나는 장대한
드라마처럼 펼쳐지는 이 모습에 사람들의 이목과 관심을 집중시키고
싶었다. 이로써 위기에 처한 야생동물들의 가혹한 현실을
알리고 싶었다. 나는 우리 사람들이 야생동물들을 마치
자신의 가족이기라도 한 것처럼 사랑할 수 있었으면—, 했다.

마리나 카노(Marina Cano) ; 스페인의 야생동물 사진가

풀, 나뭇잎, 열매, 과일 따위를 좋아한다. 이런 식물성 먹잇감은 섬유질이 많아 소화가 어렵기 때문에 맷돌 같은 어금니와 함께 잘 발달된 소화 기관을 가지고 있다. 코끼리, 기린, 하마, 코뿔소, 영양, 사슴, 돼지, 소, 말 등의 발굽동물들이 대표적인 땅 위의 초식동물들이다. 몸집이 가장 큰 코끼리, 키가 가장 큰 기린, 힘이 센 하마와 코뿔소 따위를 제외하고는 포식자들의 먹잇감이 되는 경우가 많다. 하지만 무리 지어 생활하면서 경계와 도주의 공동 경보(警報) 체계를 발달시킴으로써 포식자들의 공격을 피한다.

포식자들의 표적이 되지 않기 위해 극심한 고통도 꾹 참아낸다.

## 신비로운 아프리카코끼리들의 모습

과연 영물(靈物)이다, 싶다. 보츠와나 투리블록의 한 물가를 찾은 아프리카코끼리들의 모습이 과연 신비로운 영물이다, 싶다. 아프리카코끼리들은 매우 영리한 야생동물로 고도의 의사소통 방법을 개발해 서로에게 필요한 정보를 전달할 줄 안다. 뿐만 아니라 서로 친근함과 슬픔을 표현하고 나눌 줄도 안다. 녀석들이 동료의 죽음을 애도하기 위해 장례 의식을 치르는 것은, 그리 놀랄 일이 아닌 것이다. © Greg du Toit / Wildlife Exhibition Korea,, African Elephant,, Tuli Block, Botswana

※사진가는 기존의 코끼리 촬영 관행을 과감하게 버리고 느린 셔터 속도와 광각 렌즈를 선택함으로써, 자신이 경험했던 환상적인 느낌을 담고 싶었다고 말한다.

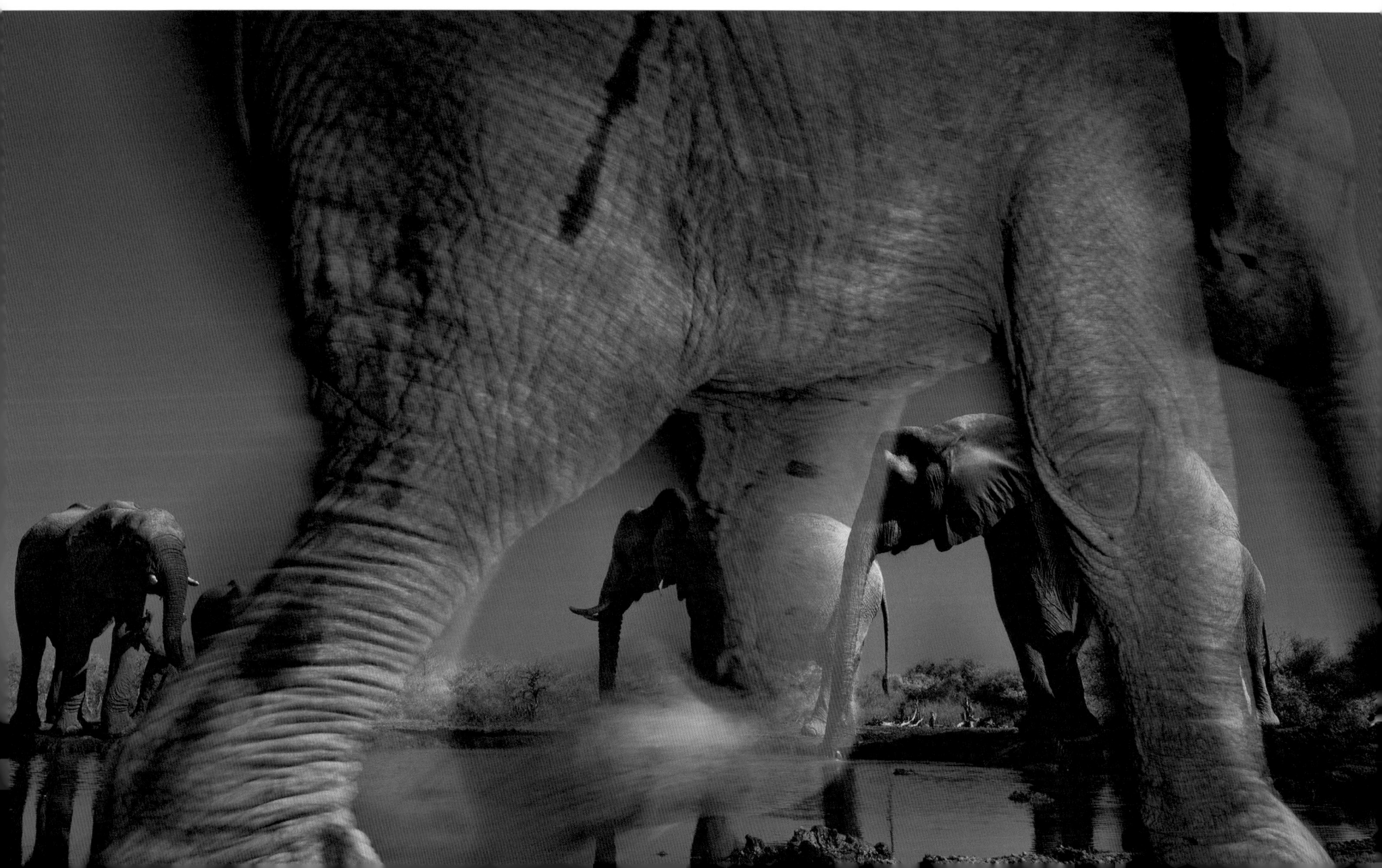

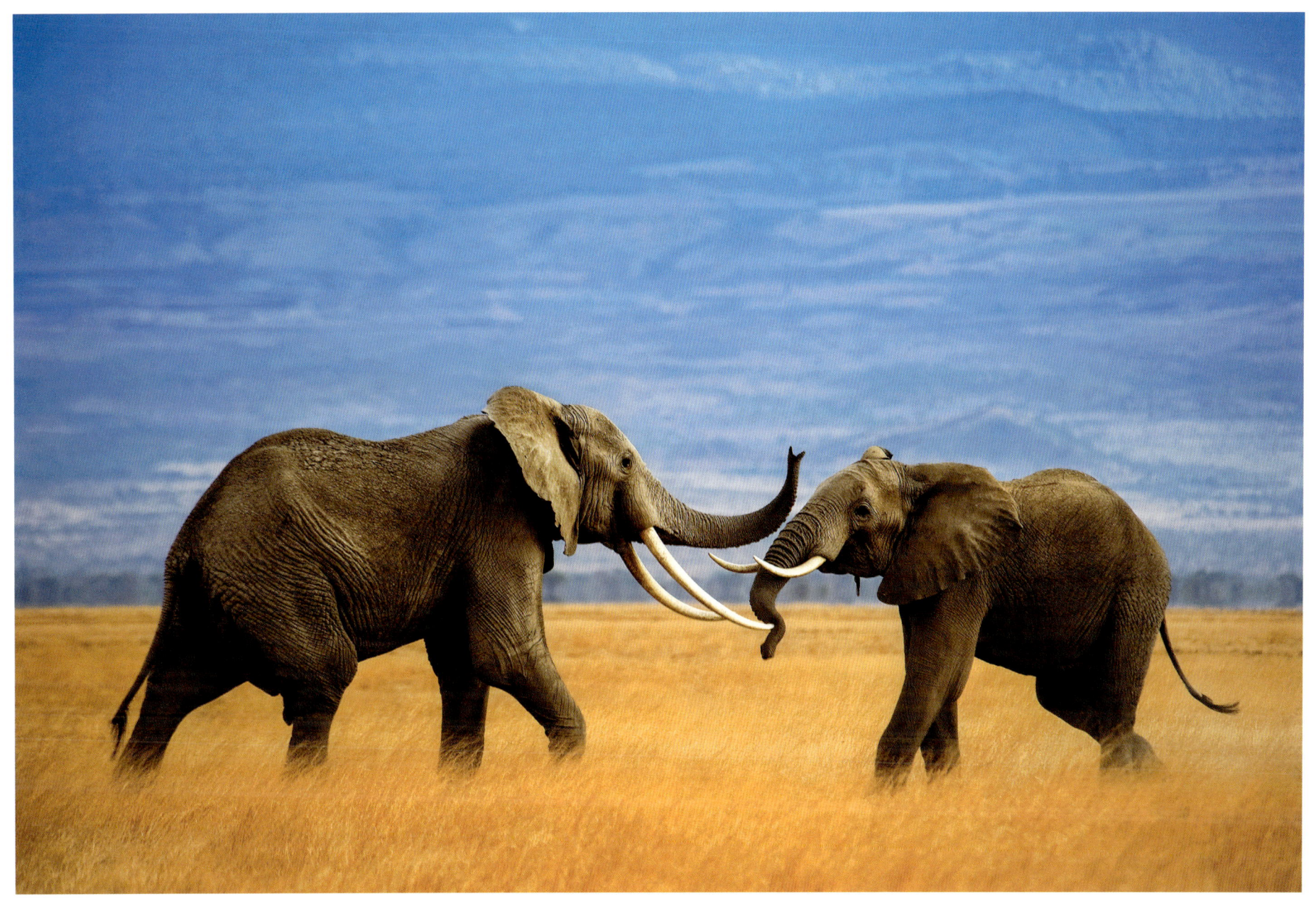

**서열 싸움을 벌이는 수컷 코끼리들**

암컷 코끼리 무리가 이미 자신들 곁에서 떠났다는 사실을 모르는 섯일까? 암깃 코끼리와
의 짝짓기를 꿈꾸는 젊은 수컷 두 마리가 서열 싸움을 벌이고 있다. 수컷 코끼리들은 엄
니를 서로 맞부딪치거나 코를 휘감는 방식의 힘겨루기로 서열 싸움을 벌이는데, 보통은
서열이 높은 수컷만 짝짓기를 할 수 있다. © Greg du Toit / Wildlife Exhibition Korea,,
African Elephant

## 코끼리 가족의 확신에 찬 발걸음

한 무리의 아프리카코끼리 가족이 확신에 찬 발걸음을 옮기고 있다. 혈연관계에 있는 다수의 암컷과 새끼들로 이루어진 아프리카코끼리 가족은 가장 늙은 암컷이 무리를 이끈다. 이 할머니 암컷은 물과 먹잇감을 어디에서 얻을 수 있는지, 어느 길로 이동해야 안전한지를 잘 알고 있다. 게다가 가족 구성원들을 헌신적으로 돌본다. 가족 구성원들 또한 이 지혜로운 할머니 암컷을 믿고 따른다. © Greg du Toit / Wildlife Exhibition Korea,, African Elephant

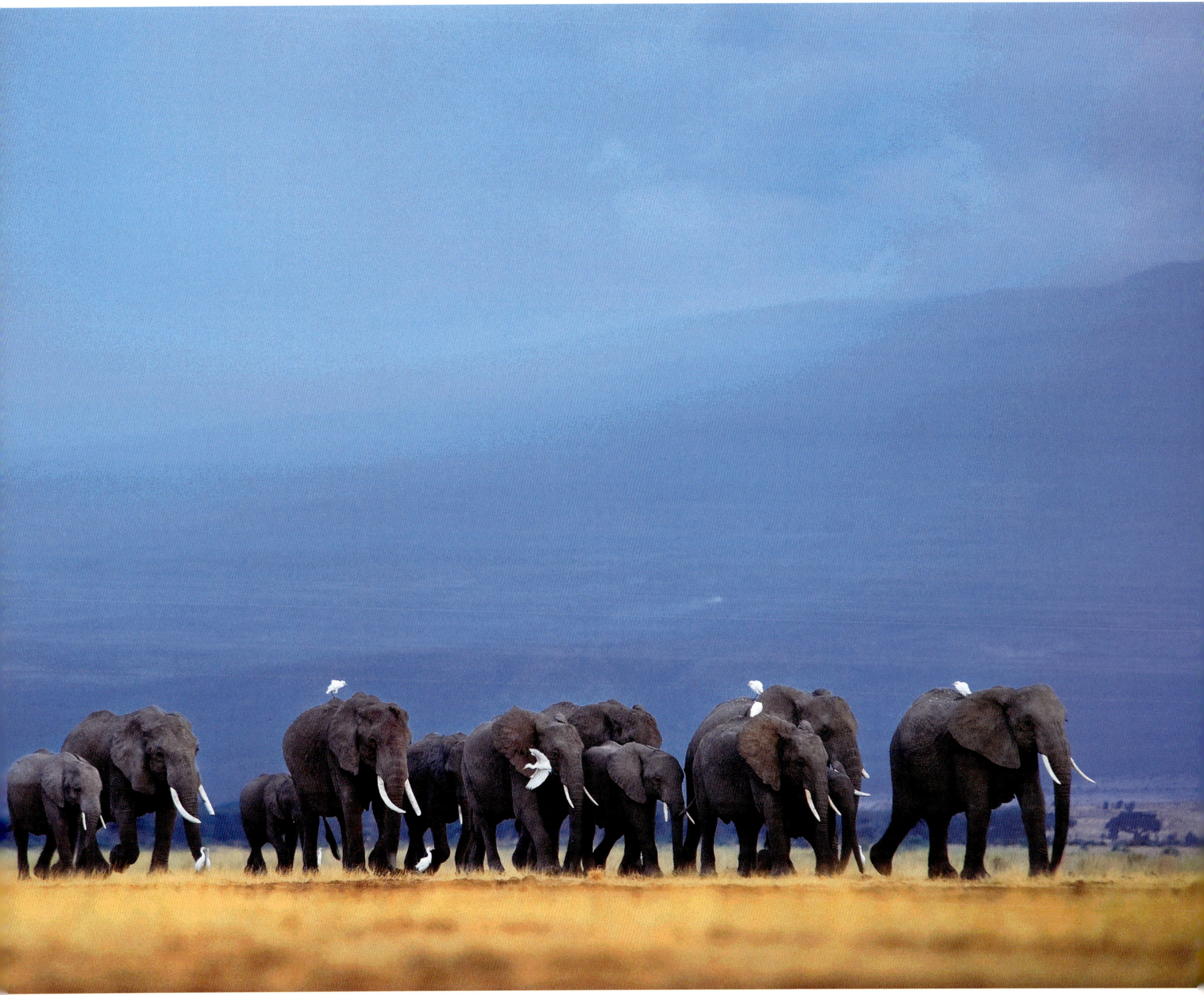

## 홀로 생활하는 아프리카코끼리의 아침

케냐의 암보셀리 국립공원에서 홀로 생활하는 아프리카코끼리 한 마리가 아침을 맞고 있다. 암컷 코끼리들은 늙은 우두머리 암컷을 중심으로 무리 생활을 하지만 다 자란 수컷 코끼리들은 무리에서 떨어져 나와 홀로 지내거나 두세 마리씩 모여 지낸다. © Marina Cano / Wildlife Exhibition Korea,, African Elephant,, Amboseli National Park, Kenya

※사진가는 이 사진에 대해 설명하면서 "이처럼 아름다운 자연을 함부로 대하는 우리에게 과연 자연을 누릴 자격이 있는지 혼자 묻기도 한다"고 이야기한다.

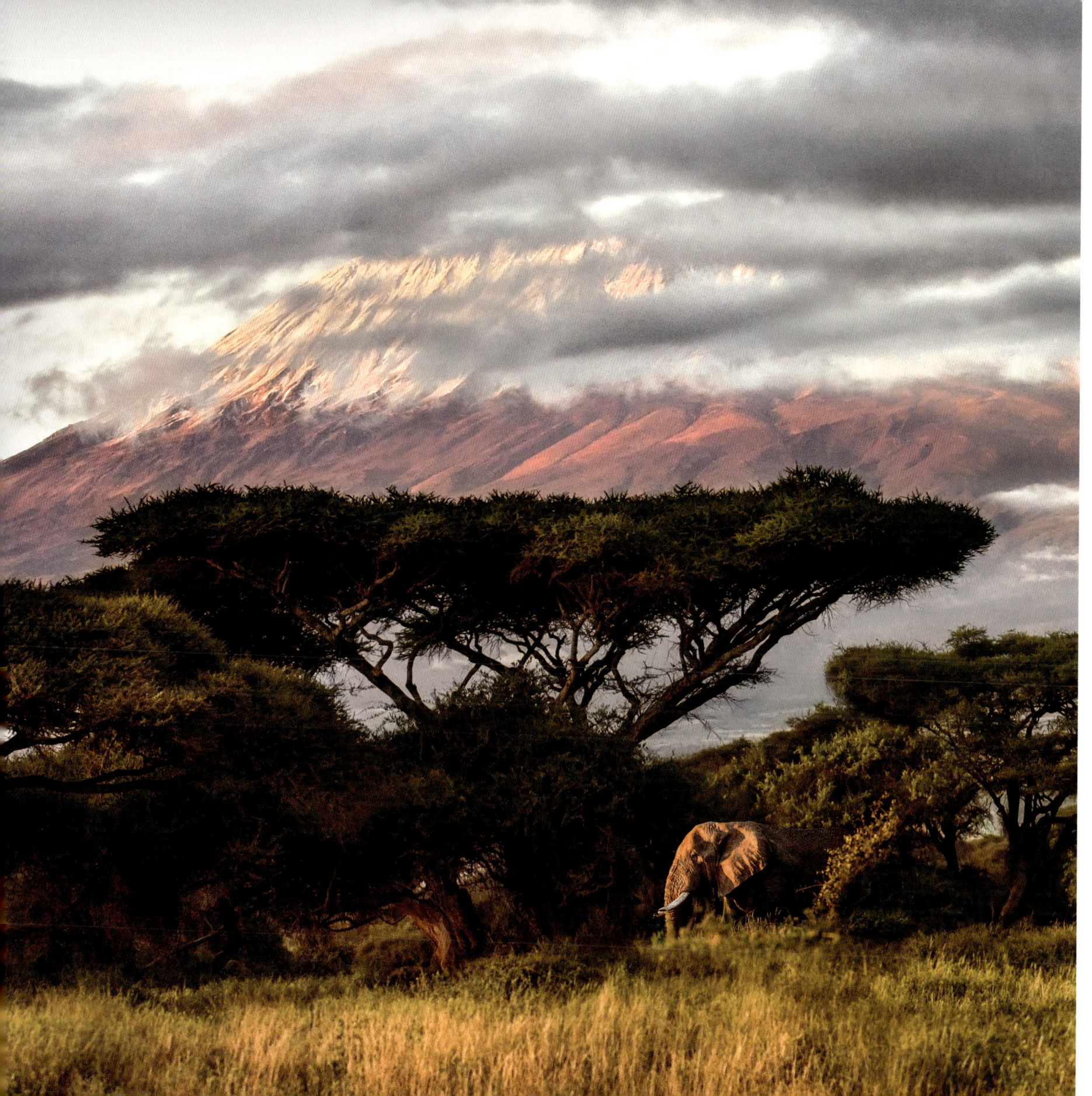

## 네킹에 한창인 기린들

기린 두 마리가 네킹(Necking)에 한창이다. 더할 수 없이 다정한 모습이지만 이 같은 기린의 네킹은 서로 애정을 표현하려는 수컷과 암컷 사이에서만 벌어지는 일이 아니다. 기린 네킹의 절반 가량은 서로 우열 경쟁을 펼치는 수컷과 수컷들 사이에서 벌어진다.

© Marina Cano / Wildlife Exhibition Korea,, Giraffe,, Cabárceno Wildlife Park, Spain

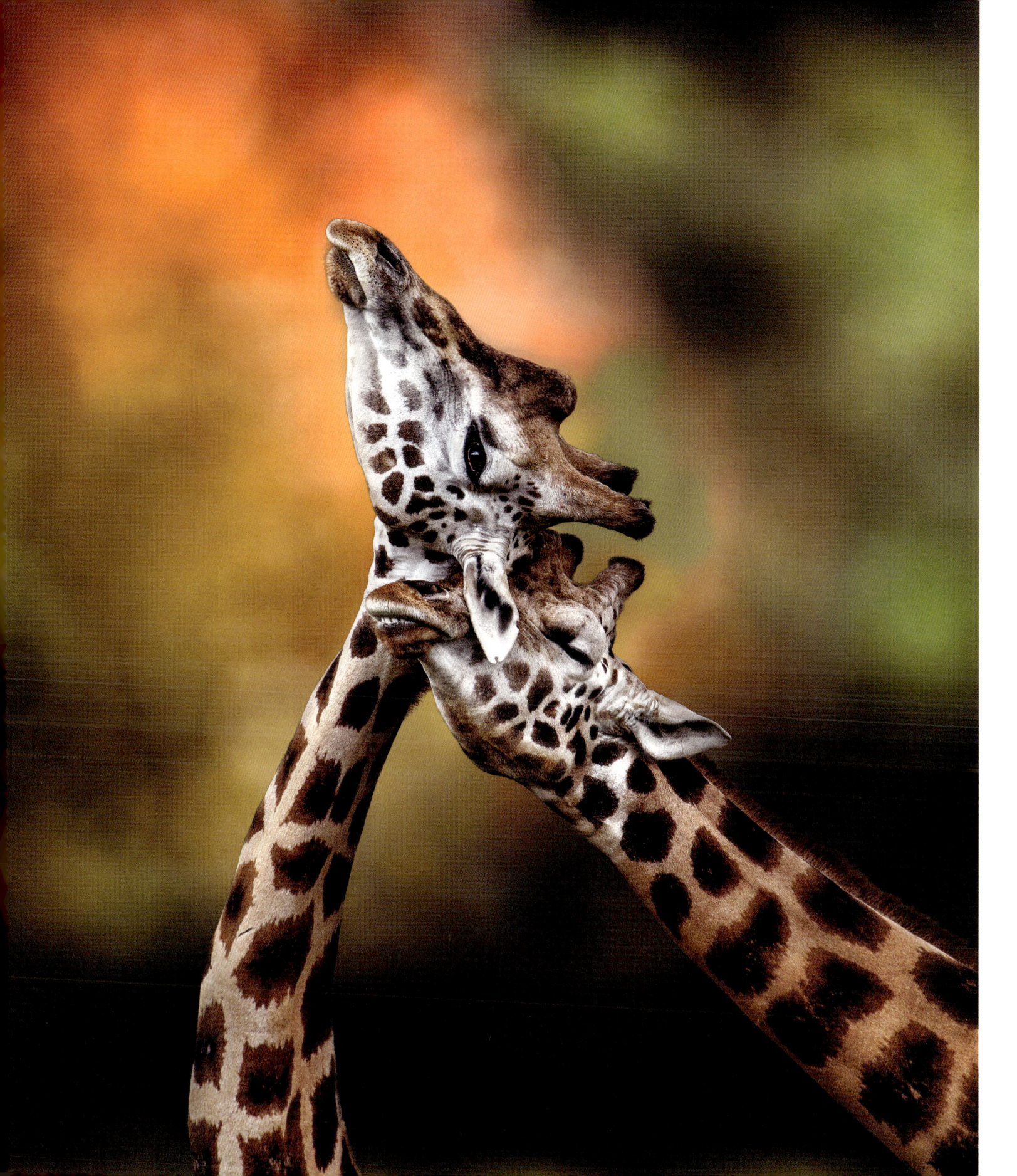

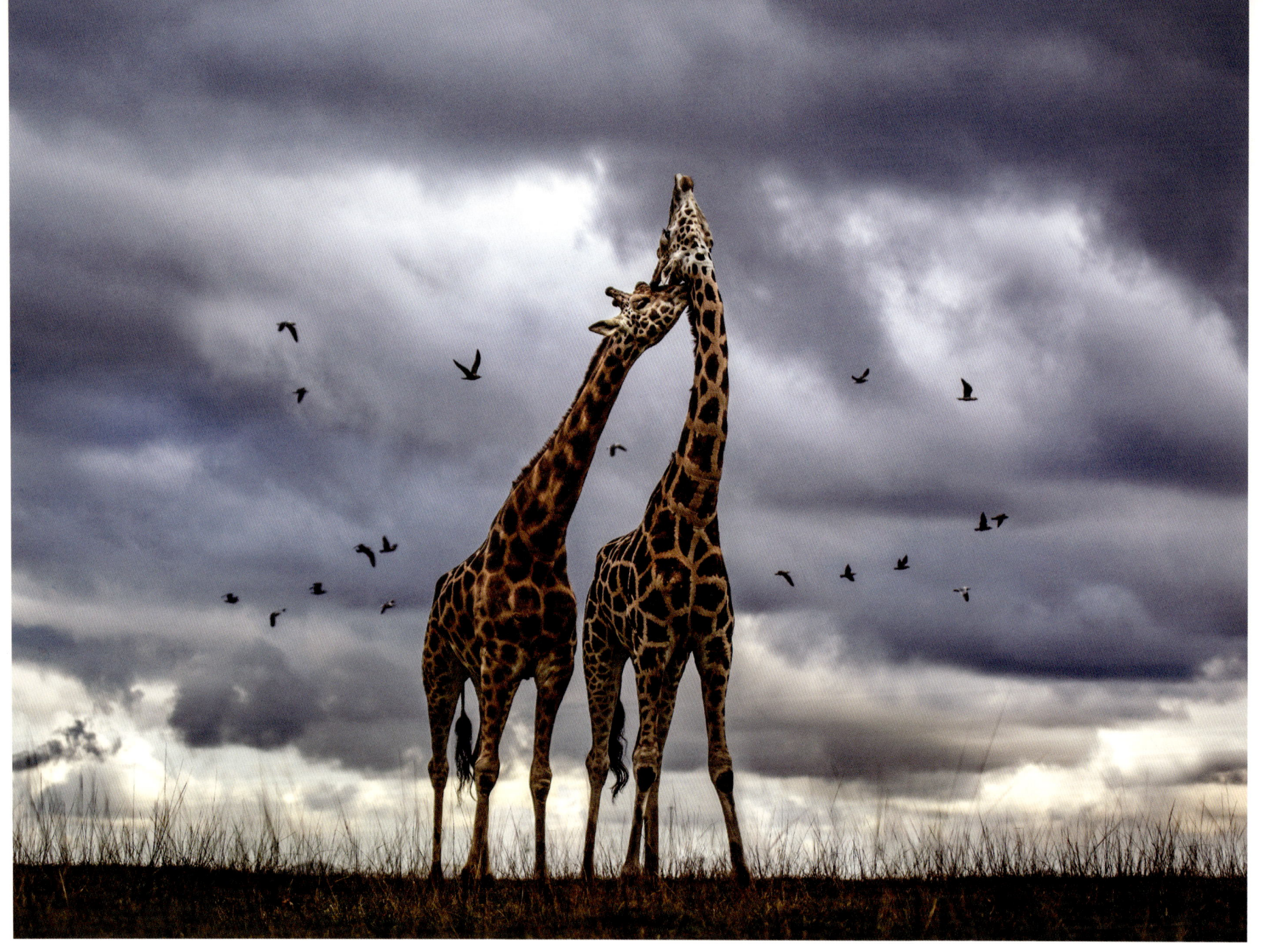

**하늘로 우뚝 솟아오른 기린의 모습**

날아오르는 새들을 배경으로 우뚝 솟아오른 기린 두 마리의 모습이 큰 키에 대한 녀석들의 자부심을 보여주는 듯하다. 땅 위에 발 딛고 서서 기린들보다 높은 곳의 아카시아 잎을 따먹을 수 있는 야생동물은 없다. 기린은 다 자란 수컷의 경우 발굽에서 뿔에 이르는 키가 5.5미터에 이른다. © Marina Cano / Wildlife Exhibition Korea,, Giraffe,, Cabárceno Wildlife Park, Spain

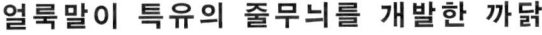

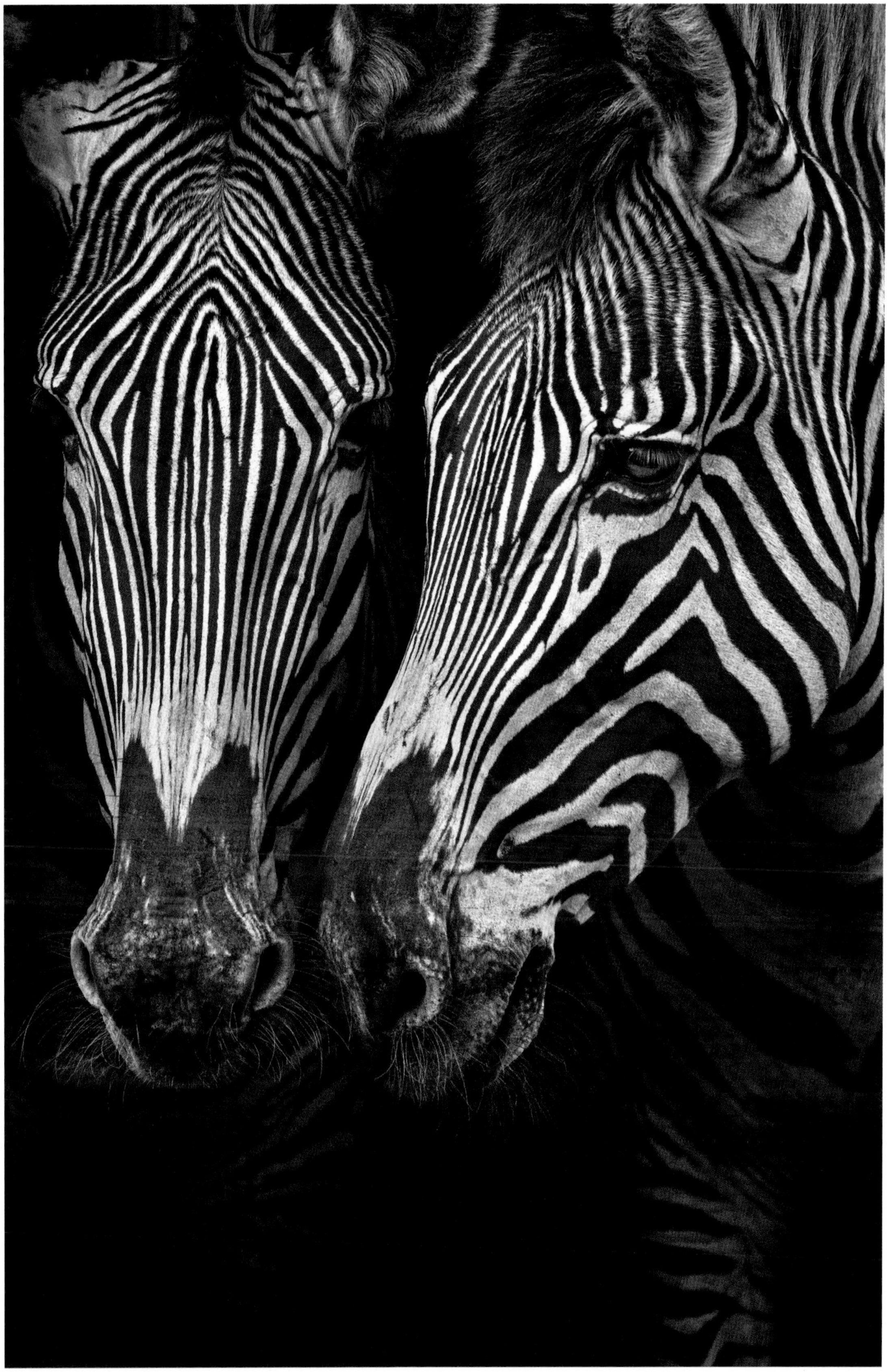

## 얼룩말이 특유의 줄무늬를 개발한 까닭

왜 이처럼 현란한 줄무늬를 개발한 것일까? 얼룩말의 줄부늬는 흡혈 곤충인 체체파리의 공격으로부터 녀석들을 보호하는 역할을 한다. 흰색과 검은색이 반복되는 줄무늬는 눈이 겹눈인 체체파리가 얼룩말을 볼 수 없도록 만든다. 사진은 얼룩말 중에서 줄무늬의 간격이 가장 좁아 좀더 효과적으로 체체파리를 막아낼 수 있는 그레비얼룩말의 모습이다.

© Marina Cano / Wildlife Exhibition Korea,,
Grevy's Zebra,, Cabárceno Wildlife Park, Spain

※ 얼룩말이 사자와 같은 포식자를 혼란스럽게 하기 위해 줄무늬를 개발했다는 주장도 있다. 얼룩말의 줄무늬에 대해서는 이밖에도 다양한 이론이 있다.

## 얼룩말들의 위험천만한 물 마시기

'물가를 조심하라'는 토정비결 말씀은 얼룩말들에게도 금과옥조(金科玉條)와 같다. 하루
에 14리터 가량의 물을 필요로 하는 녀석들은 수시로 물가를 찾아야 한다. 하지만 녀석
들에게 이 물가는 위험천만한 곳이다. 물가는 녀석들을 노리는 포식자들이 가장 많이 숨
어 있는 곳이기 때문이다. 사진은 위험을 무릅쓰고 물가로 나와 조심스럽게 물을 마시고
있는 얼룩말들의 모습이다. © Greg du Toit / Wildlife Exhibition Korea,, Plains Zebra,,
Lake Shompole, Kenya

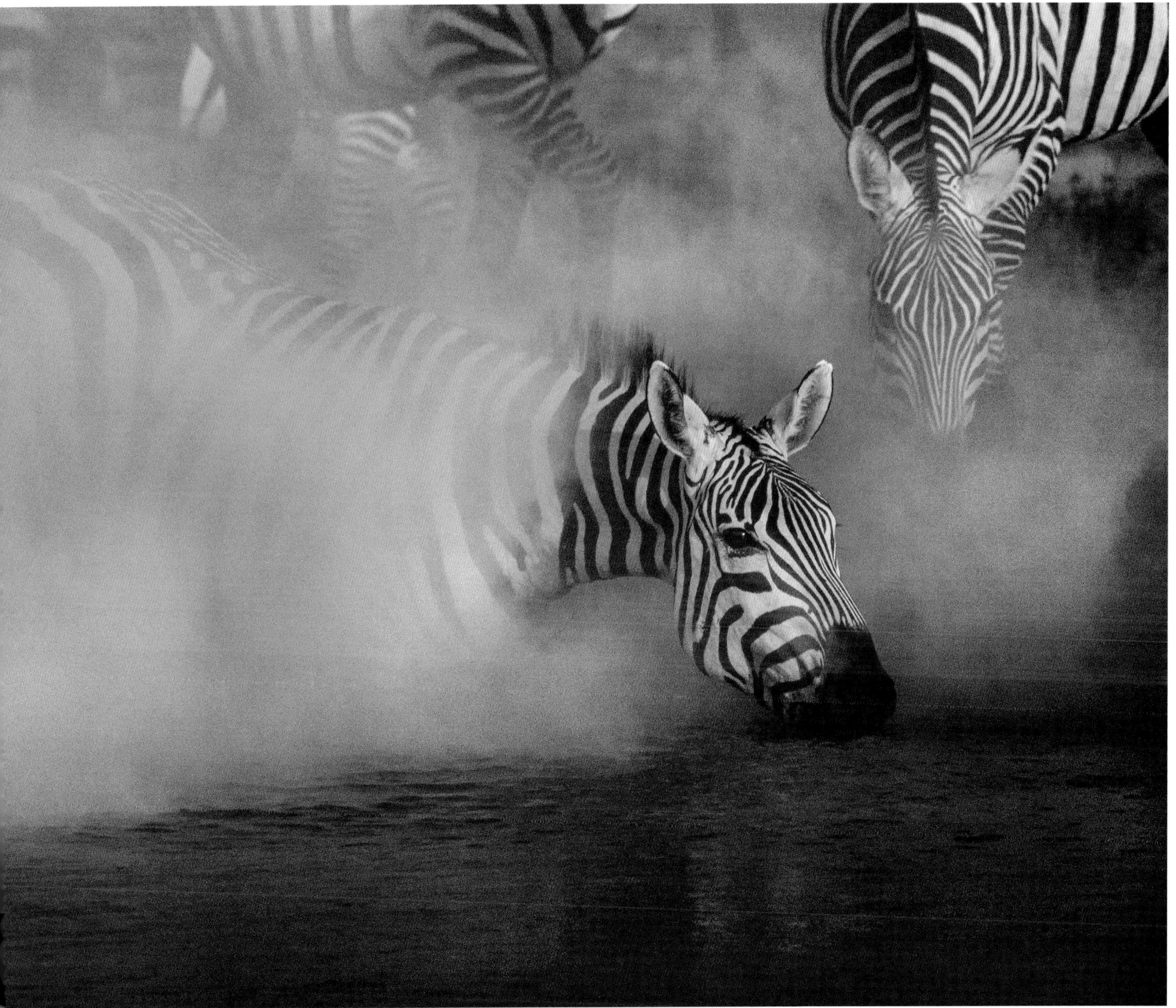

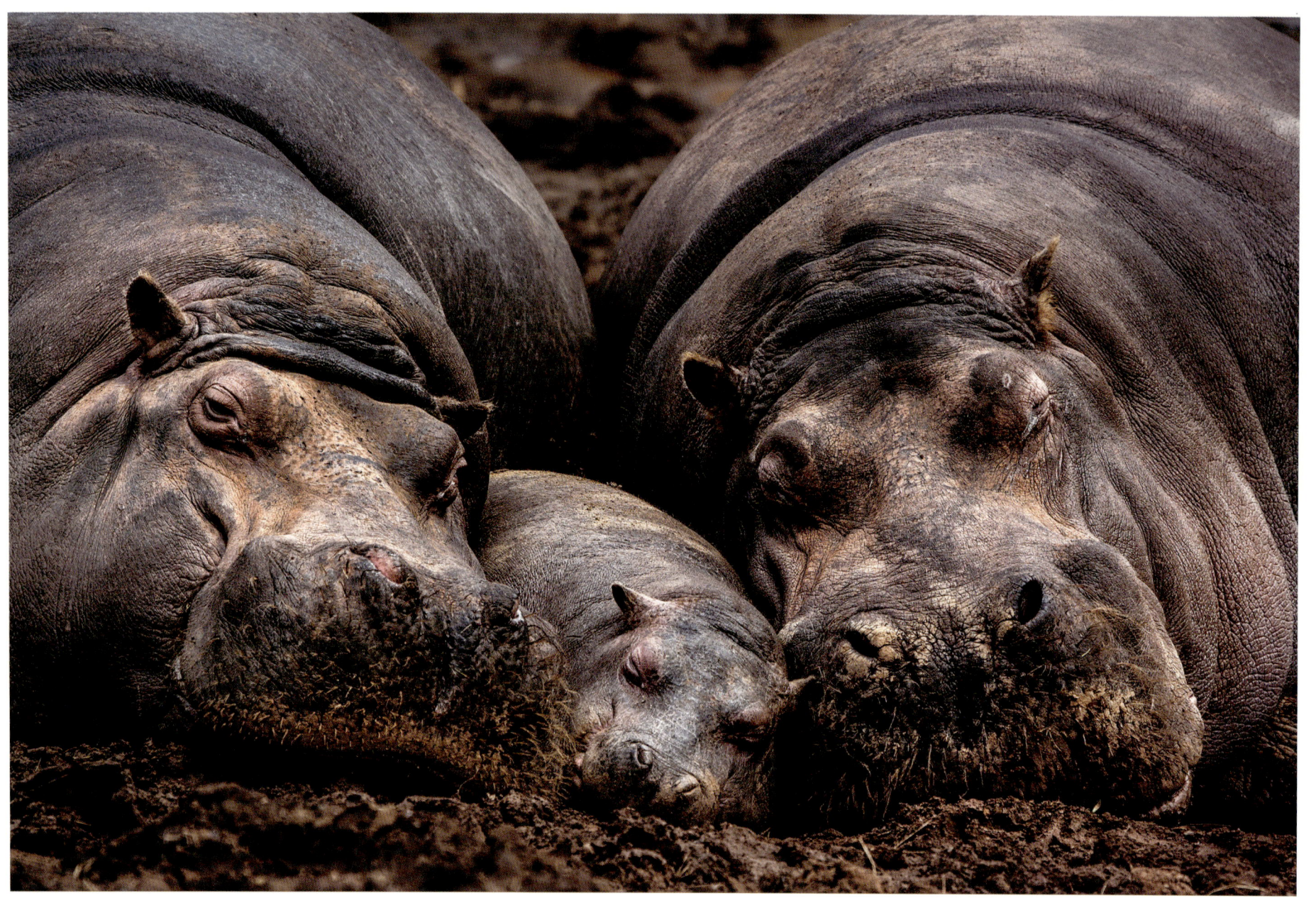

**순박해 보이는 하마 가족의 낮잠**

새끼와 함께 낮잠에 빠진 하마의 모습이 순박해 보인다. 어미 하마는 약 8개월의 임신 기간을 거쳐 한 배에 한 마리의 새끼를 낳는다. 그리고 다시 약 8개월 정도까지 새끼에게 젖을 먹이며 새끼들이 건강하게 자랄 수 있도록 돌본다. © Marina Cano / Wildlife Exhibition Korea,, Hippopotamus,, Cabárceno Wildlife Park, Spain

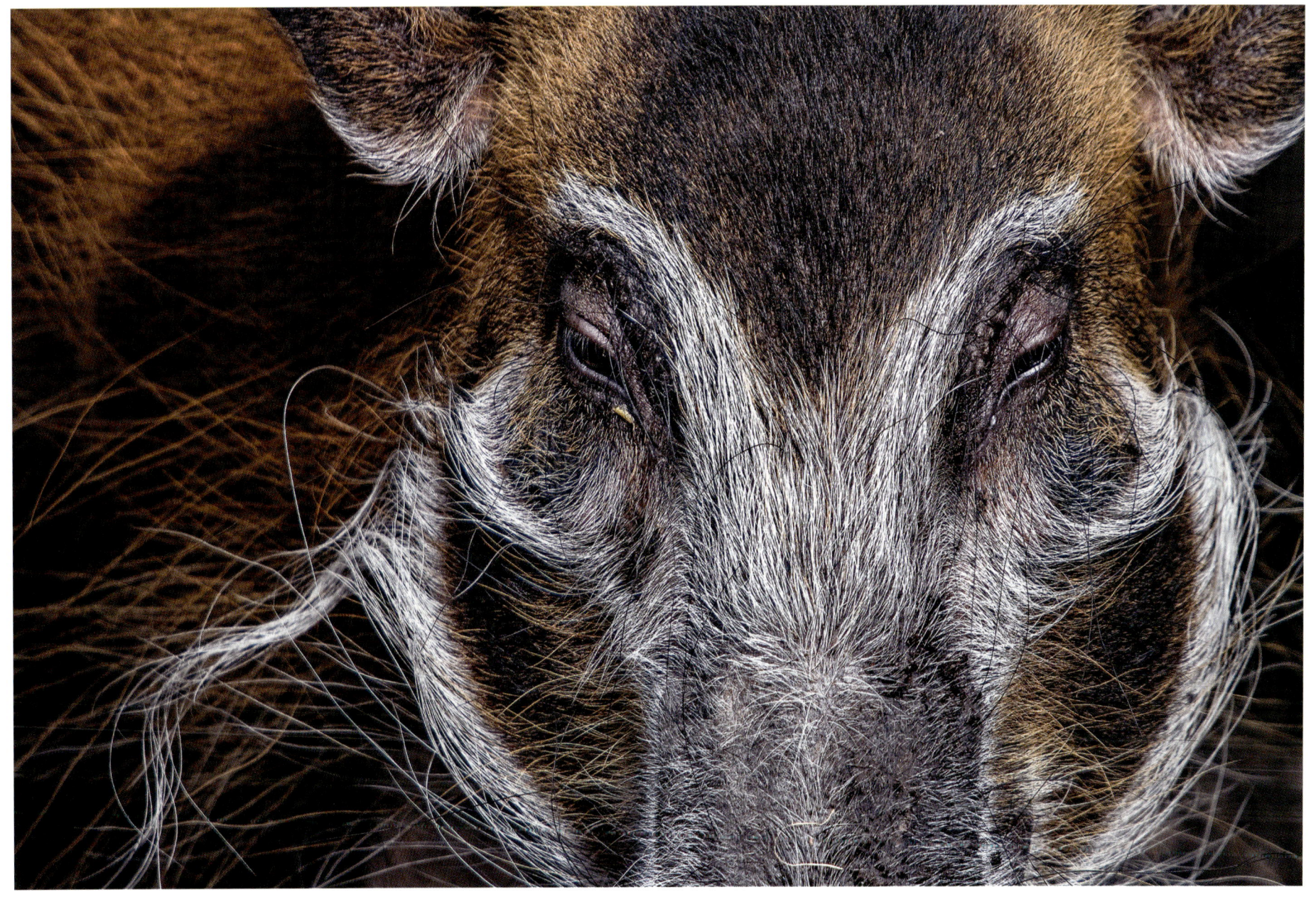

**덤불멧돼지의 험악한 얼굴**

불그죽죽하고 희끗희끗한 털이 헝클어져 있는 것만 보면 '백수의 제왕'이 따로 없을 만큼
험악한 얼굴이다. 하지만 덤불멧돼지는 아프리카 중부 콩고 강 일대의 습지에서 주로 나
무뿌리나 덩이줄기를 파먹고 살아가는 초식동물일 뿐이다. 진짜 백수의 제왕인 사자는
녀석들이 황급하게 피해 달아나야 할 천적이다. © Edwin Giesbers / naturepl.com,, Red
River Hog,, Rotterdam, Netherlands

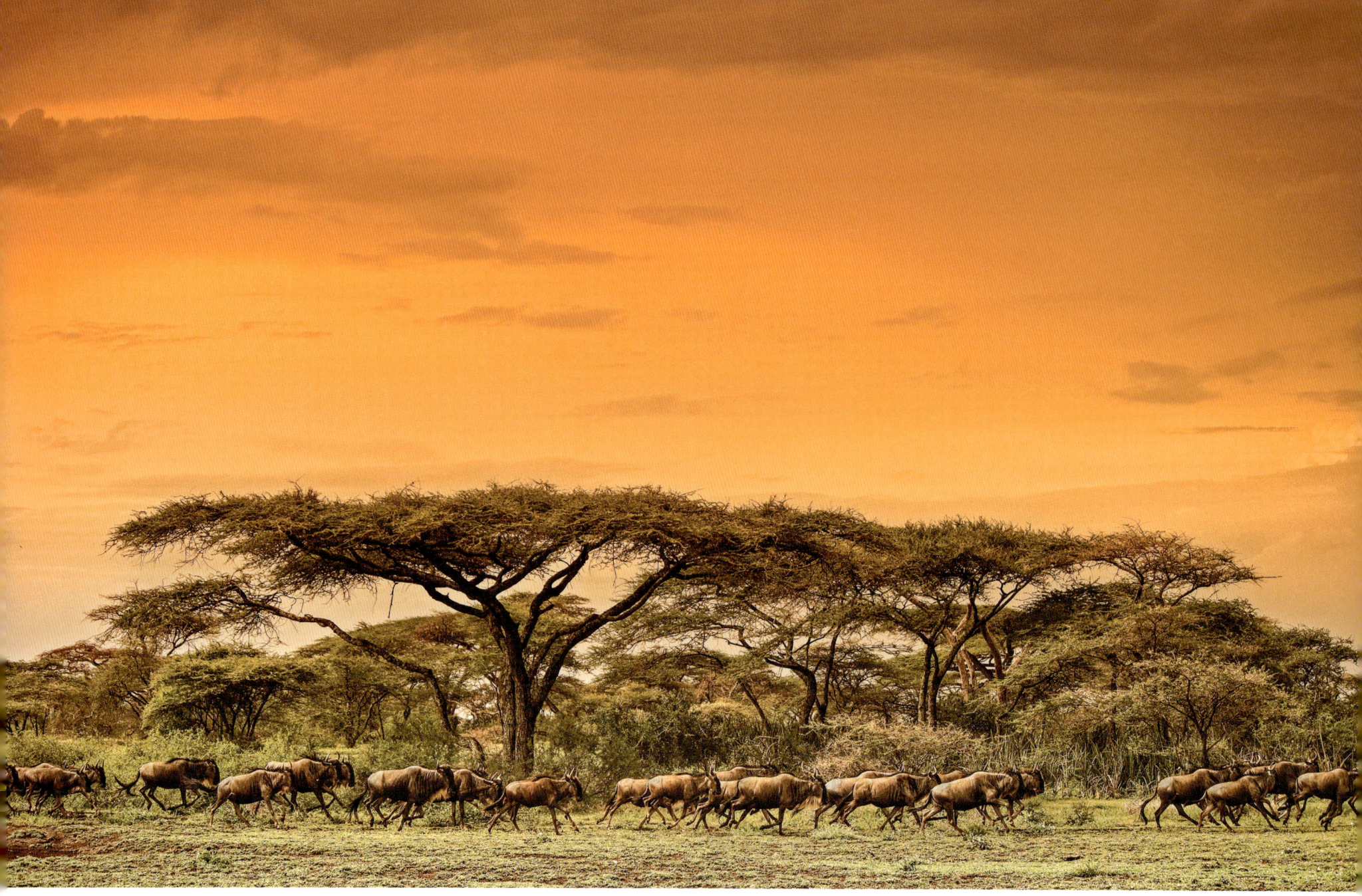

## 검은꼬리누 무리의 강한 목표 의식

강한 목표 의식(意識) 때문일까? 강한 목표 의식이 아니라면 세렝게티 초원의 검은꼬리누 무리가 이처럼 한눈 한번 팔지 않고 이동을 계속하는 이유를 어떻게 설명할 수 있을까? 세렝게티 초원의 검은꼬리누 무리는 5~6월 무렵이면 좀더 푸른 초원을 찾아 대규모로 이동한다. 녀석들은 한번 이동을 시작하면 최종 목적지에 도착할 때까지는 머리만 돌리면 얻을 수 있는 먹잇감도 돌아보지 않고 이동에만 집중한다. © Greg du Toit / Wildlife Exhibition Korea,, Wildebeest,, Serengeti Ecosystem, Tanzania

**두려움보다 강한 아프리카물소들의 슬픔**
동료를 잃은 슬픔이 사자들에 대한 두려움보다 훨씬 더 강한 것일 테다. 케냐 마사이마라 국립보호구역에서 사자들이 아프리카물소 한 마리를 사냥해 만찬을 즐기는 사이, 동료를 잃은 아프리카물소들이 그 주위를 떠나지 못하고 서성거리고 있다. © Denis-Huot / naturepl.com,, Buffalo, African Lion,, Masai-Mara, Kenya

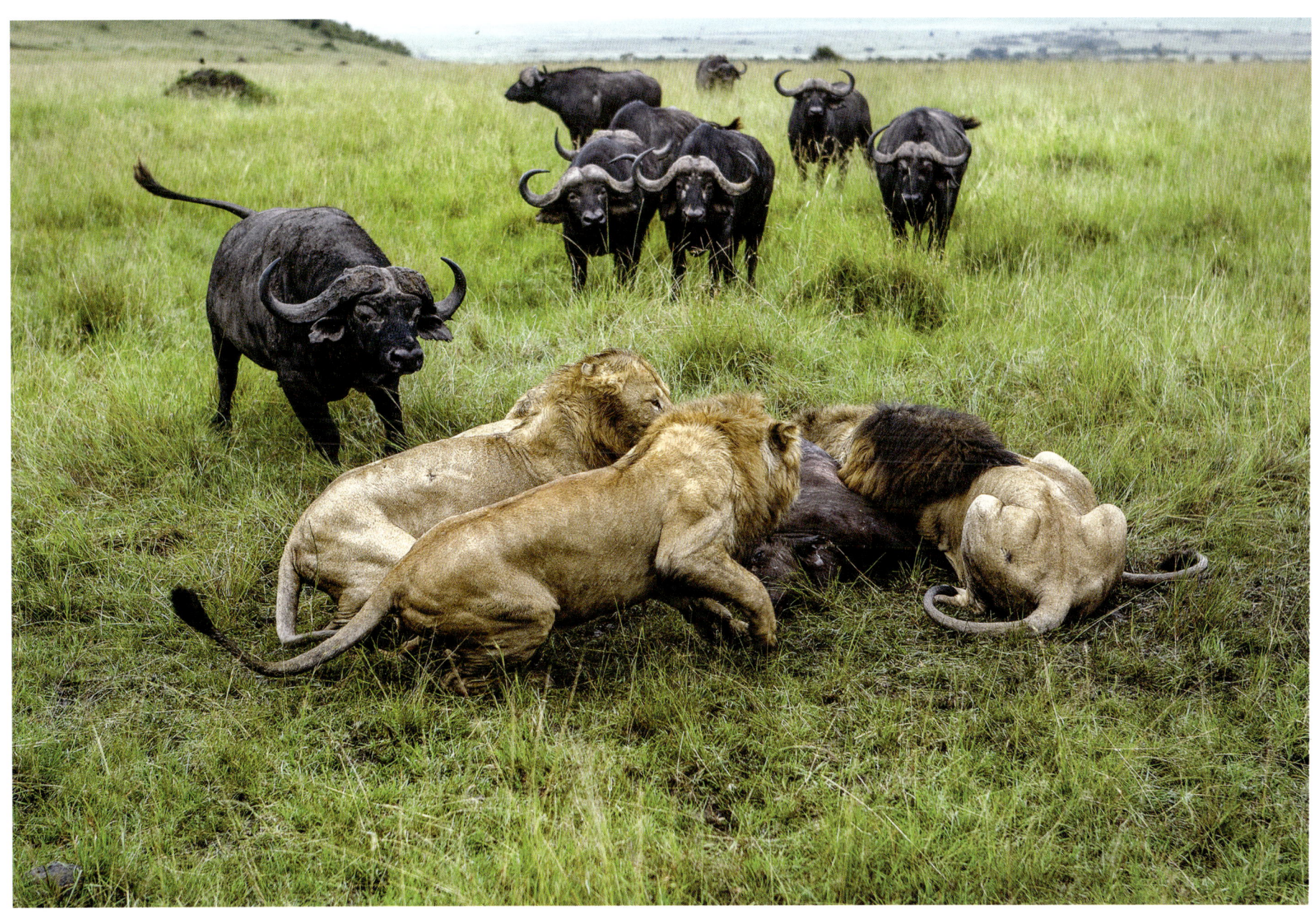

## 큰뿔소 무리의 '최종 병기 활'

웅장한 뿔을 가진 큰뿔소 무리가 거센 빗발을 피해 쉬고 있다. 시위만 연결하면 곧바로 '최종 병기 활'로 사용해도 무방할 것 같은, 큼직한 뿔은 실제로도 포식자들의 공격을 막기 위한 용도로 쓰인다. 2미터 이상 자라는 녀석들의 뿔은 단단하면서도 보기보다는 가벼워서 강력한 위력을 발휘한다. © Marina Cano / Wildlife Exhibition Korea,, Watusi,, Cabárceno Wildlife Park, Spain

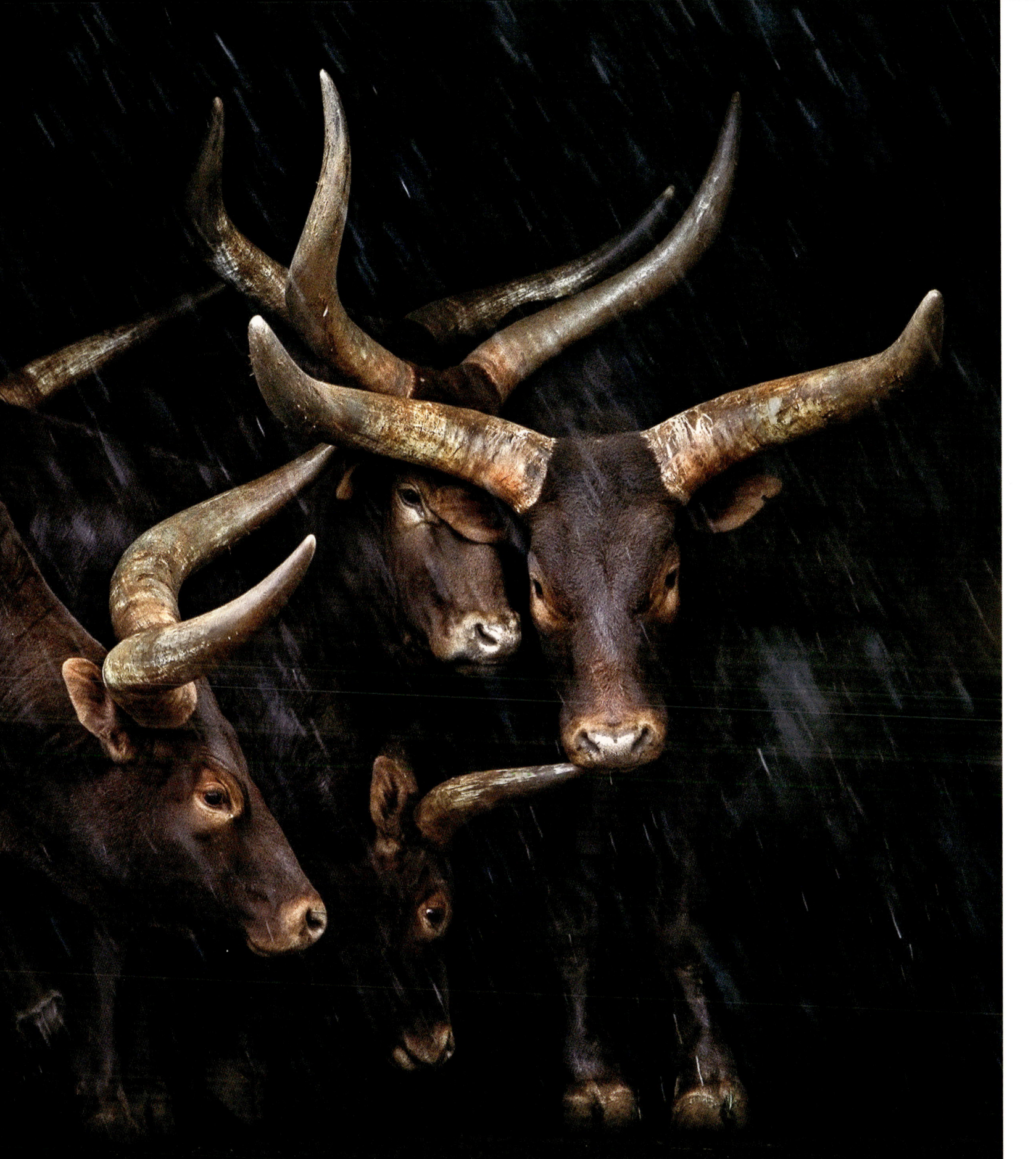

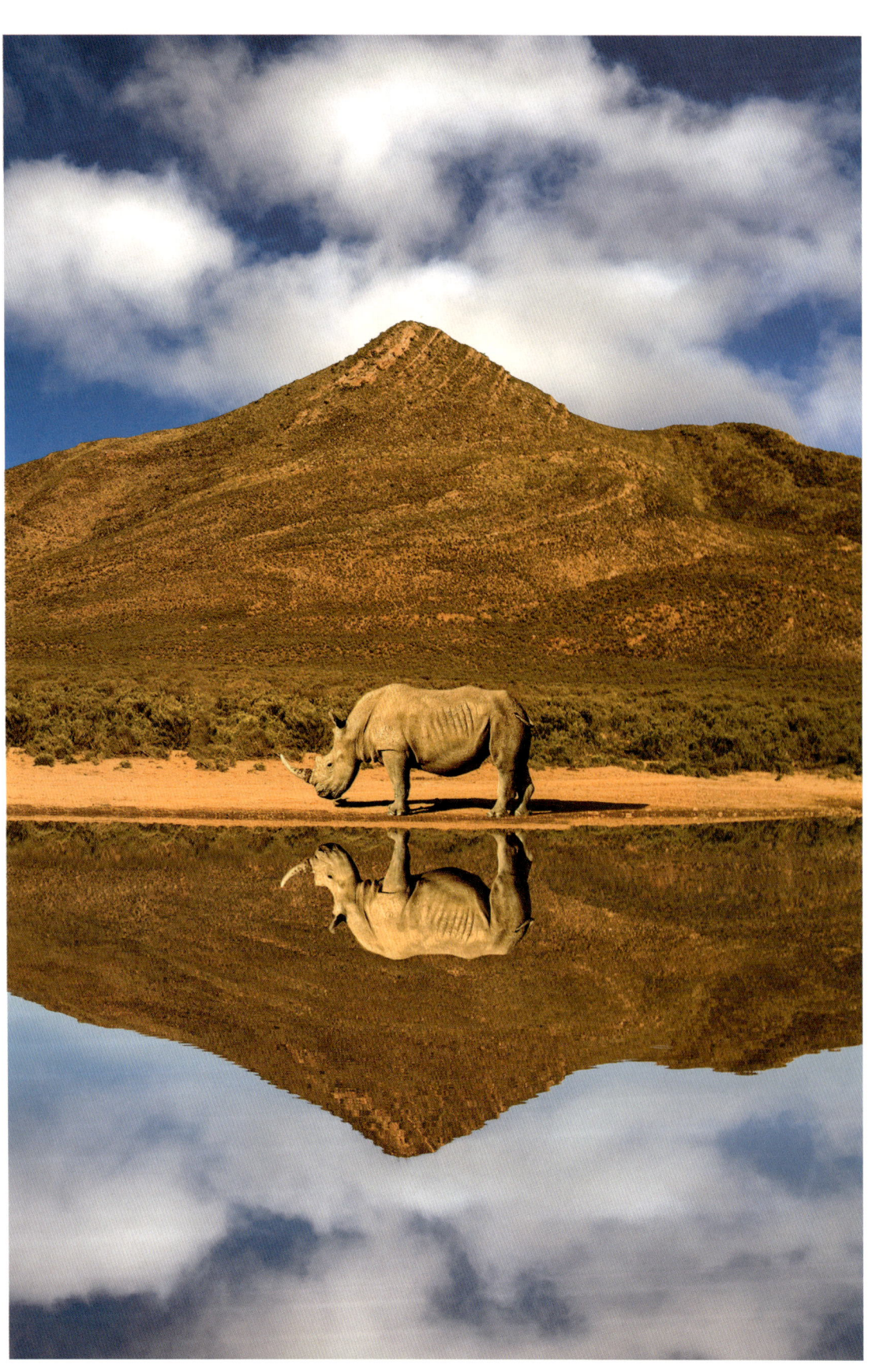

### 시력이 약한 흰코뿔소의 물 사랑

시력이 약한 흰코뿔소는 탁월한 청력과 청력보다 더 뛰어난 후각 능력에 의지해 살아간다. 하지만 물가에 서 있는 이 남아프리카공화국의 흰코뿔소에게 시력이 약하다는 것은 얼마나 다행스러운 일인가? 시력마저 좋았다면 이 녀석은 분명 명상가가 되려는 생각을 억제할 수 없었을 것이다. 흰코뿔소는 물이 없어도 4~5일 정도는 견딜 수 있지만 거의 매일 물웅덩이를 찾을 만큼 물을 좋아한다. © Marina Cano / Wildlife Exhibition Korea,, White Rhinoceros,, South Africa

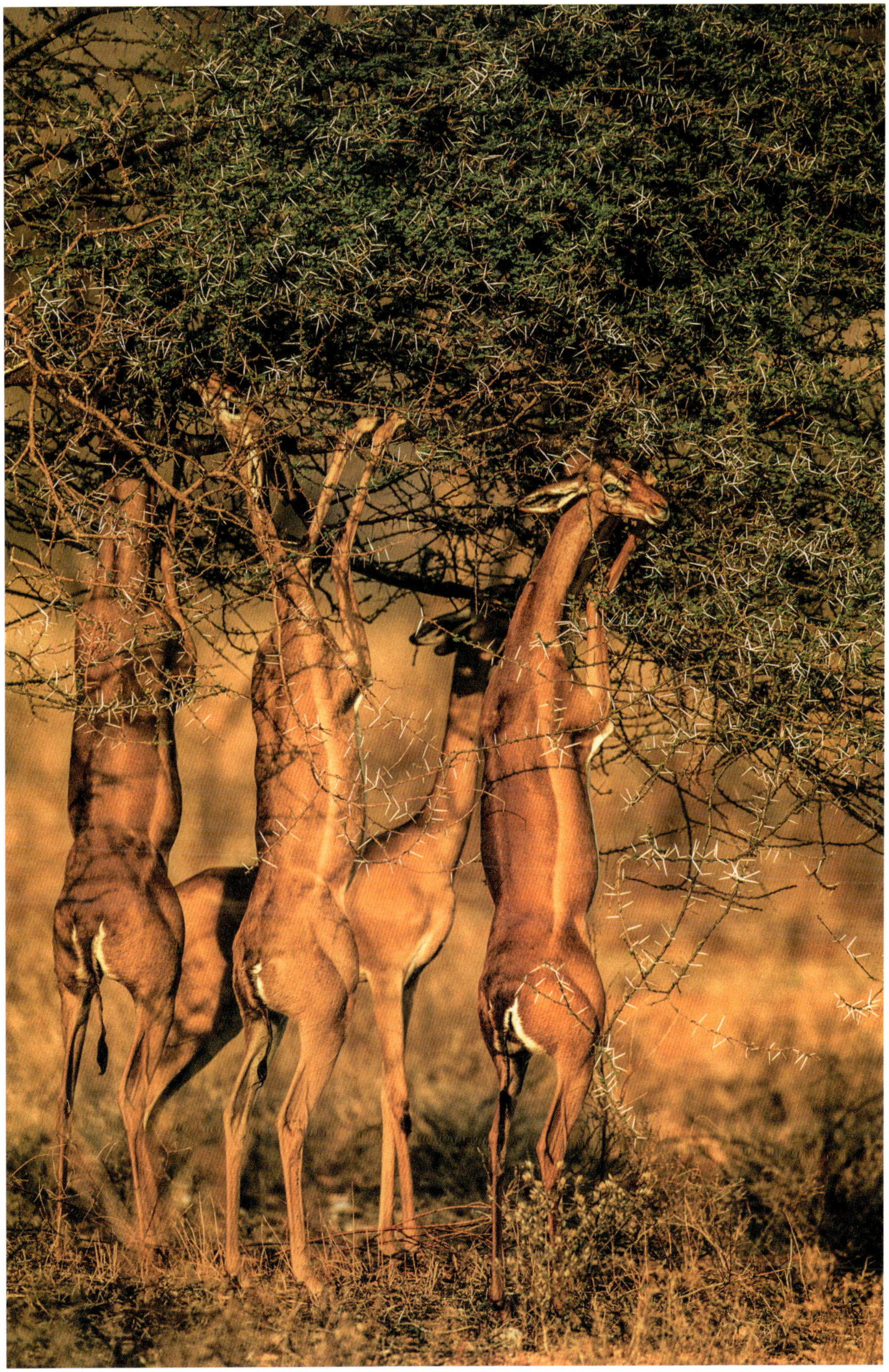

**나뭇잎 식사를 즐기는 게레누크 무리**

기린이 너무 부러웠던 것일까? 아니면 단지 '이족 (二足)'과 '직립(直立)' 묘기를 펼치고 싶었던 것일까? 케냐 마사이마라 국립보호구역에서 영양류 동물에 속하는 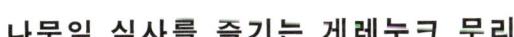게레누크들이 앞발을 들고 서서 나뭇잎 식사를 즐기고 있다. 길고 가냘픈 목을 가진 녀석들은 이런 묘기 덕분에 기린이나 코끼리 외에는 접근하기 힘든 높이의 나뭇잎까지 뜯어 먹을 수 있다. '게레누크'는 소말리어(語)에서 '기린의 목'을 뜻하는 말이다. © Anup Shah / naturepl.com,, Gerenuk,, Masai Mara, Kenya

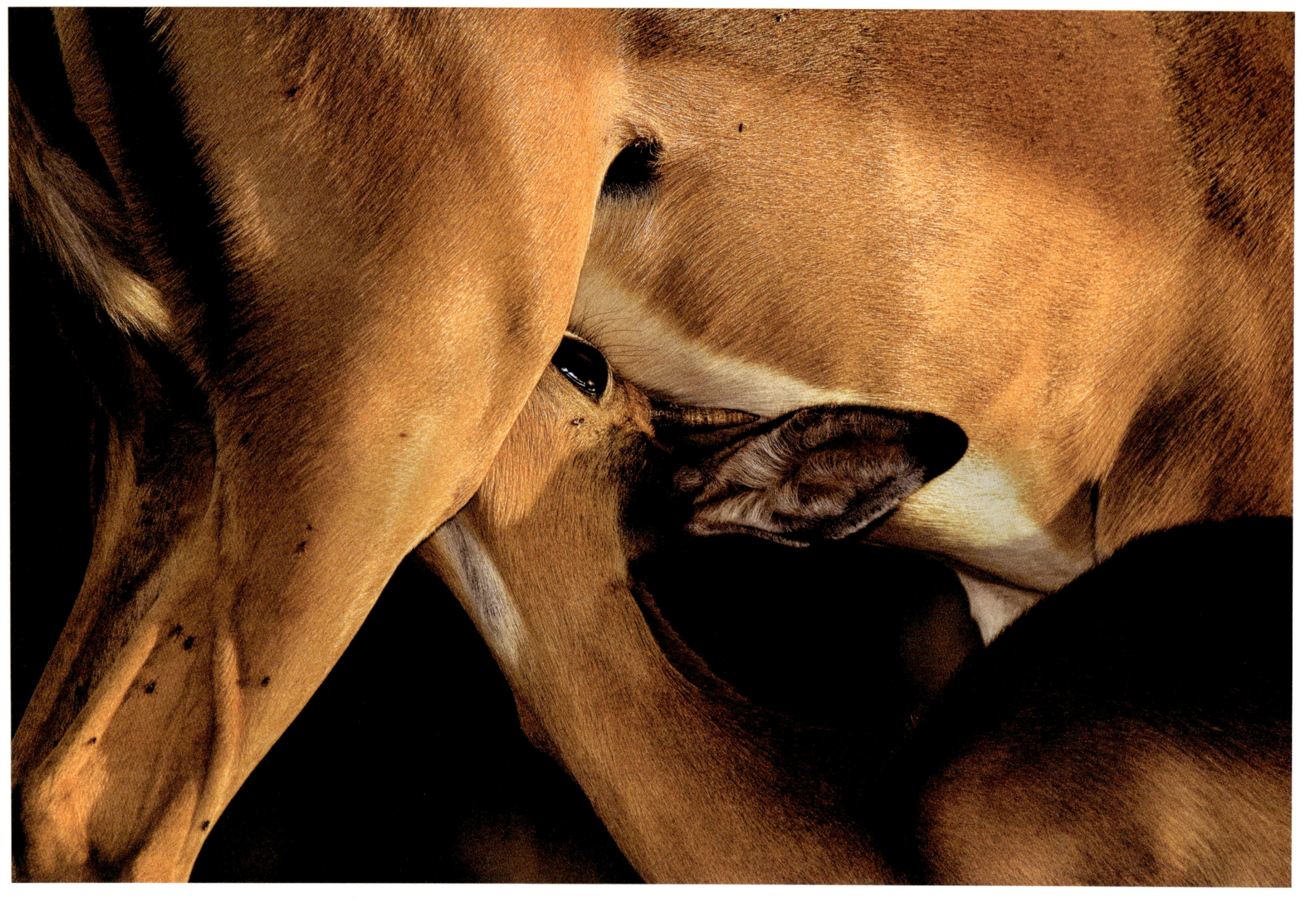

**어미젖을 빨고 있는 새끼 임팔라**

남아프리카공화국 움폴로지 야생동물보호구역에서 새끼 임팔라가 어미젖을 빨고 있다.
새끼 임팔라는 보통 탁아소에서 시간을 보내지만 젖을 먹을 시간이 되면 어김없이 자신의
어미를 찾아간다. 녀석들에게도 어미젖은 필수 영양소와 면역 성분을 고루 갖춘 완전식
품임이 틀림없을 테다. 녀석들은 생후 4~6개월 동안 어미젖을 먹는다. © Greg du Toit /
Wildlife Exhibition Korea,, Impala,, Umfolozi Game Reserve, South Africa

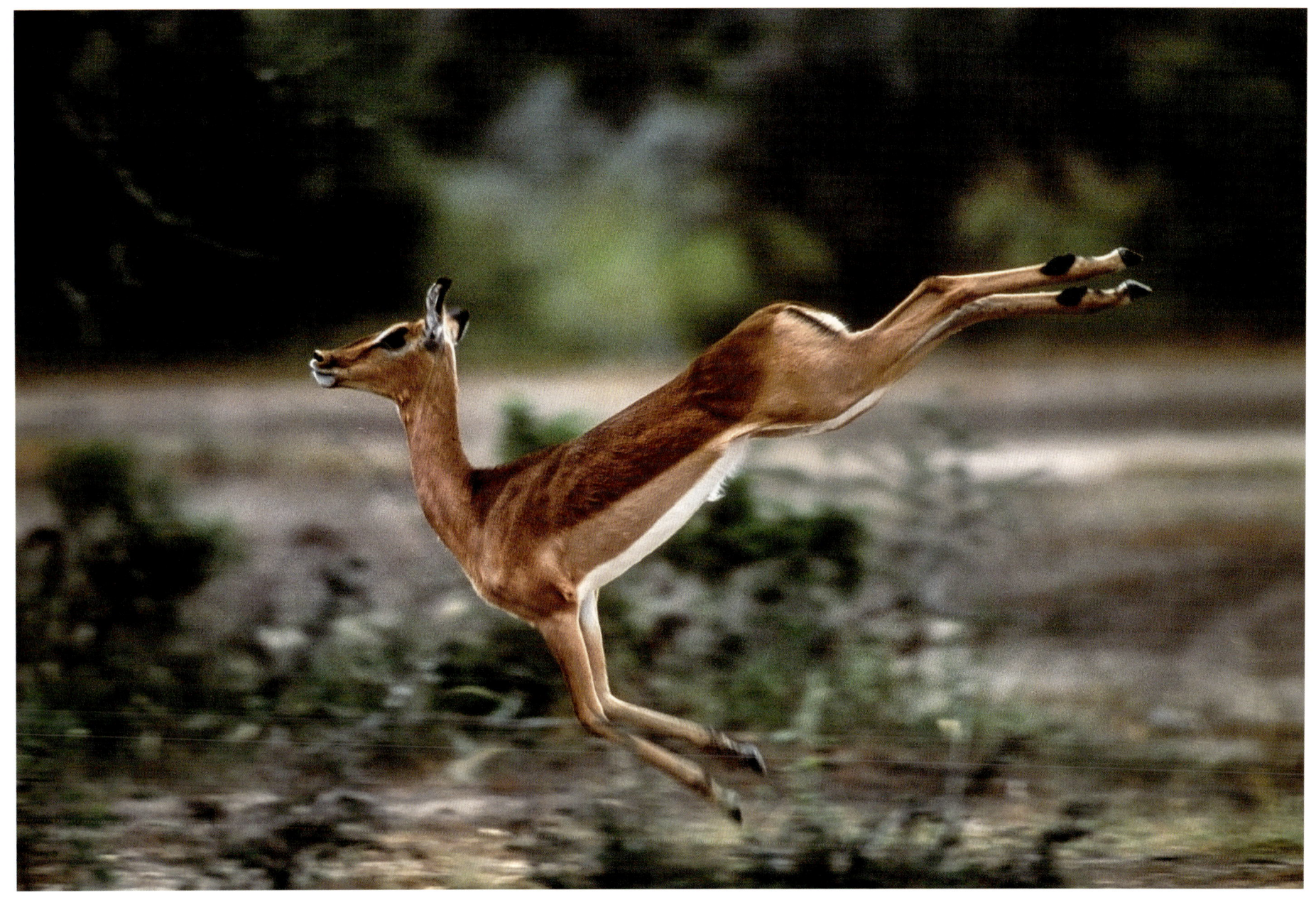

## 임팔라가 뒷다리를 차 올리는 이유

암컷 임팔라가 남아프리카공화국 말라말라 야생동물보호구역의 내지를 박차고 뛰어 올랐
다. 10미터의 멀리뛰기 능력과 3미터의 높이뛰기 능력을 갖춘 임팔라들은 두려움을 느낄
경우 이처럼 껑충 뛰어오르며 달아난다. 뒷다리를 높이 차 올리는 것은 '냄새 자취를 휙 퍼
뜨림'으로써 임팔라 무리 전체에게 달아나야 할 방향을 알려주려는 것이다. 녀석들은 자
신들의 육상 실력을 단지 즐기기 위해 발휘하기도 한다. © Richard du Toit / naturepl.
com,, Impala,, Mala Mala Game Reserve, South Africa

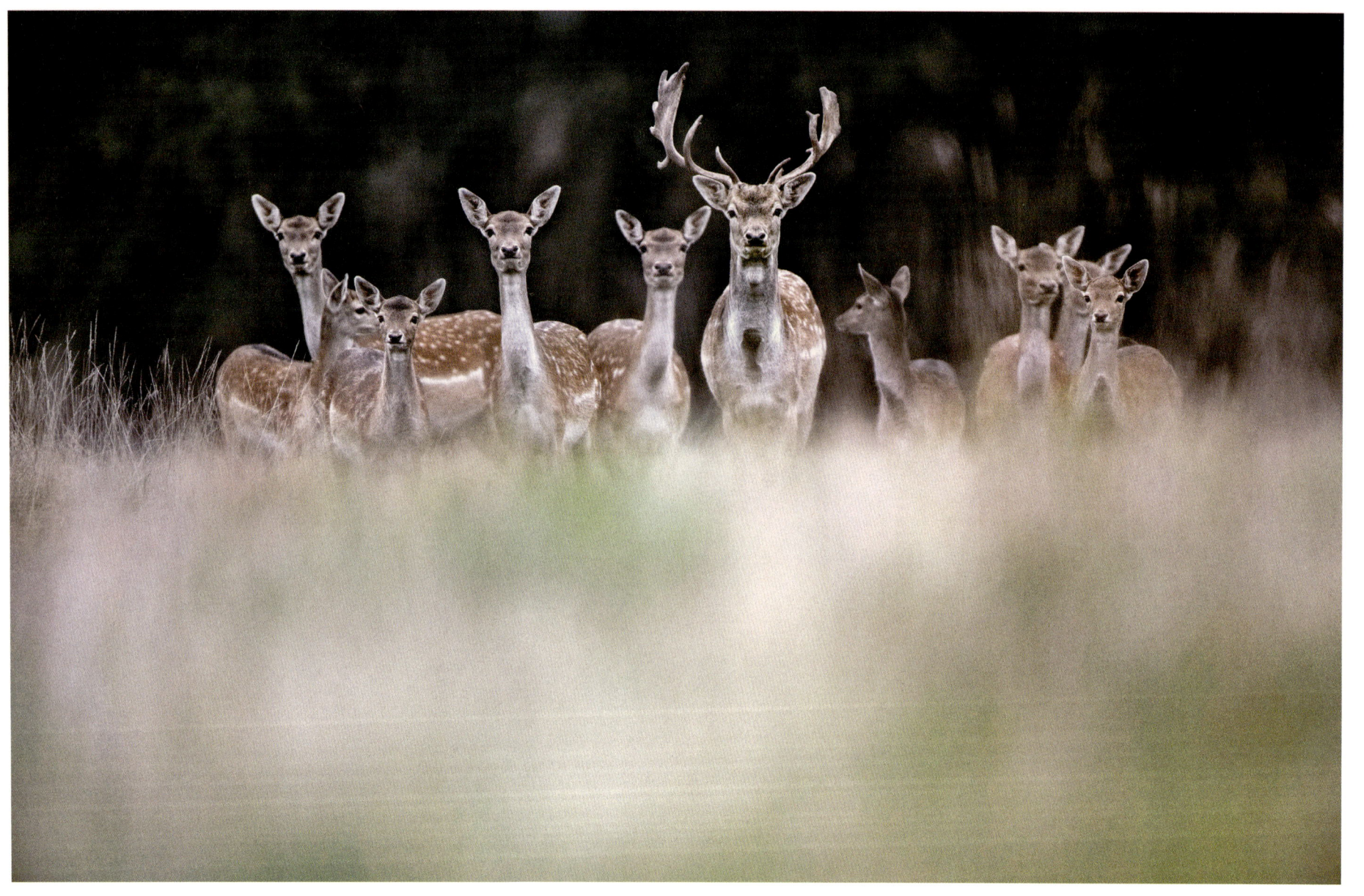

### 짝짓기 계절을 맞이한 다마사슴 무리

덴마크 코펜하겐 사슴공원의 다마사슴들에게 짝짓기의 계절이 돌아왔다. 뿔싸움에서 승리한 수컷 한 마리가 여러 마리의 암컷을 거느리고 의기양양(意氣揚揚) ─, 앞을 바라보고 있다. 하지만 이 녀석이 아무 때나 짝짓기에 나설 수 있는 것은 아니다. 녀석은 대략 25일 주기로 돌아오는 암컷의 발정기까지 기다려야 한다. © Florian Möllers / naturepl.com,, Fallow Deer,, Klampenborg Dyrehaven, Denmark, September

※녀석들의 19금 이야기가 너무 적나라했기 때문일까? 프레임의 절반 이상을 흐리게 처리한 것은 무슨 이유일까? 사진가는 야생동물들에 대한 존경심을 잃지 않으려는 마음을 가지고 있다.

## 평화로운 시간을 보내는 수컷 붉은사슴들

슬로바키아 서부의 타트라 산, 햇볕 좋은 6월의 어느 날一. 수컷 붉은사슴 두 마리가 눈 녹은 물이 고여 만들어진 연못에서 봄기운을 만끽하고 있다. 녀석들은 짝짓기 계절인 가을이 오기 전까지는 이처럼 서로 뿔을 맞대는 일 없이 평화로운 시간을 보낼 것이다. 붉은사슴은 짝짓기 계절 외에는 암컷과 수컷이 별도의 무리에서 생활한다. © Bruno D'Amicis / naturepl.com,, Red Deer,, Western Tatras, Slovakia, June

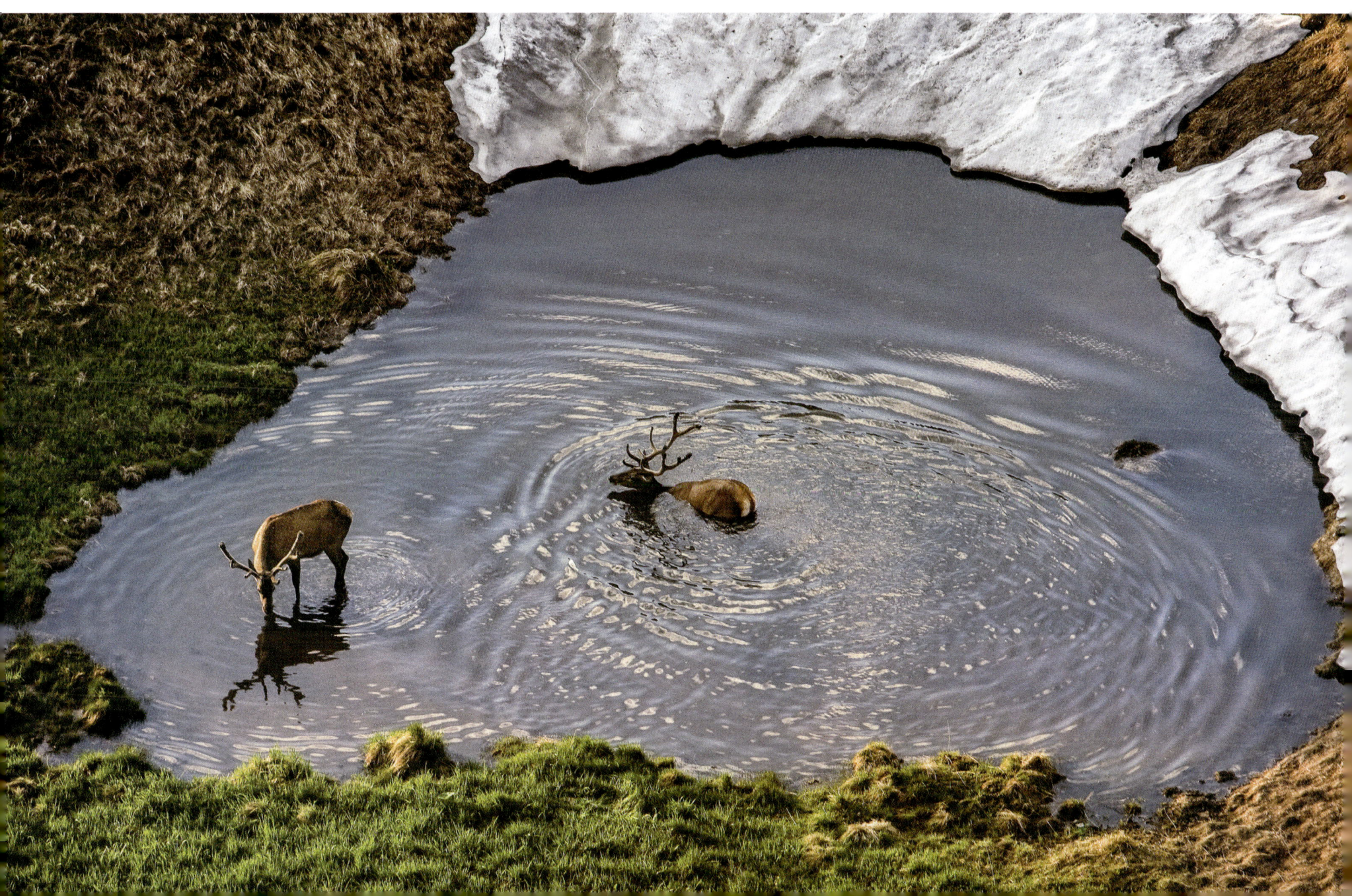

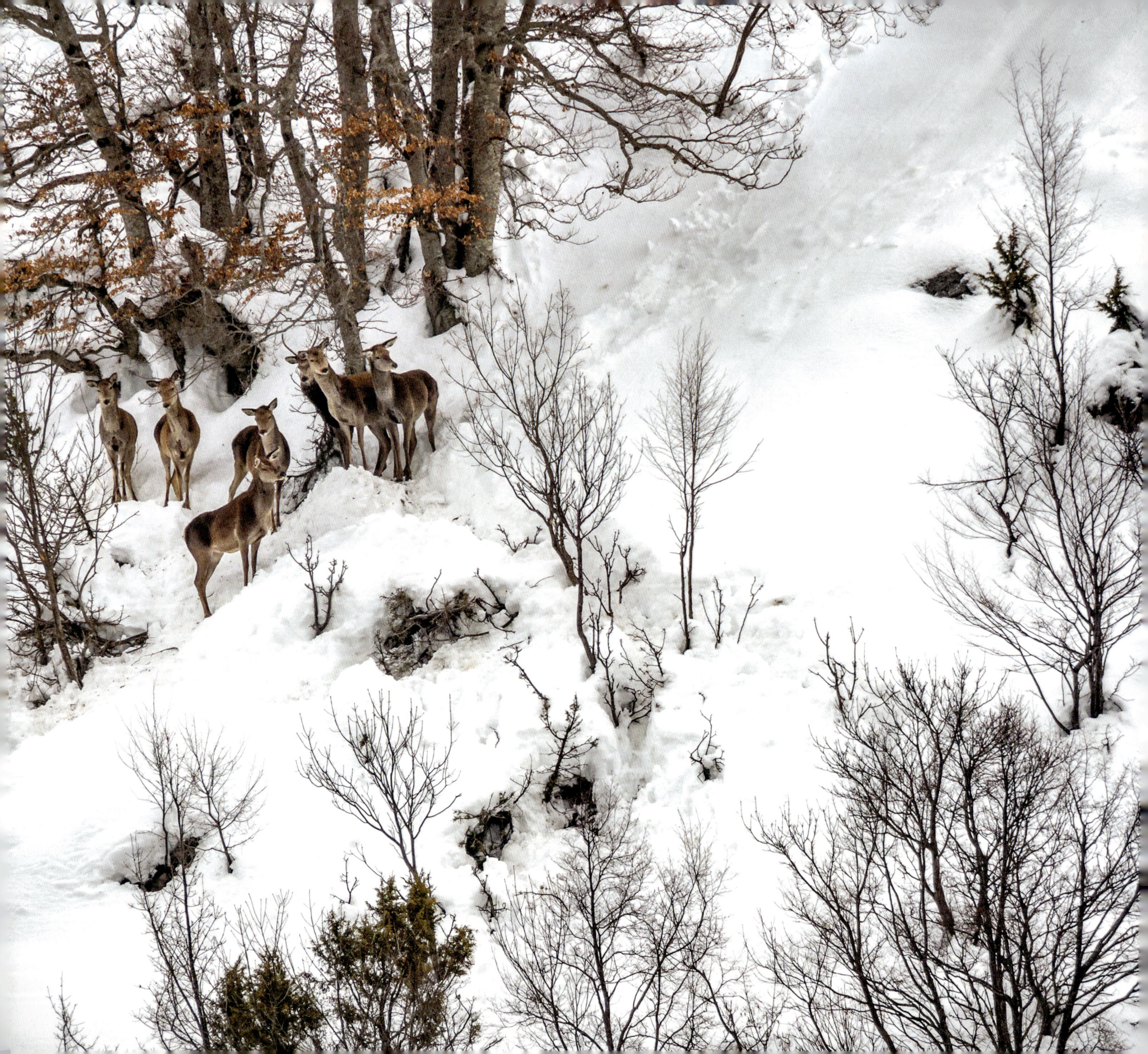

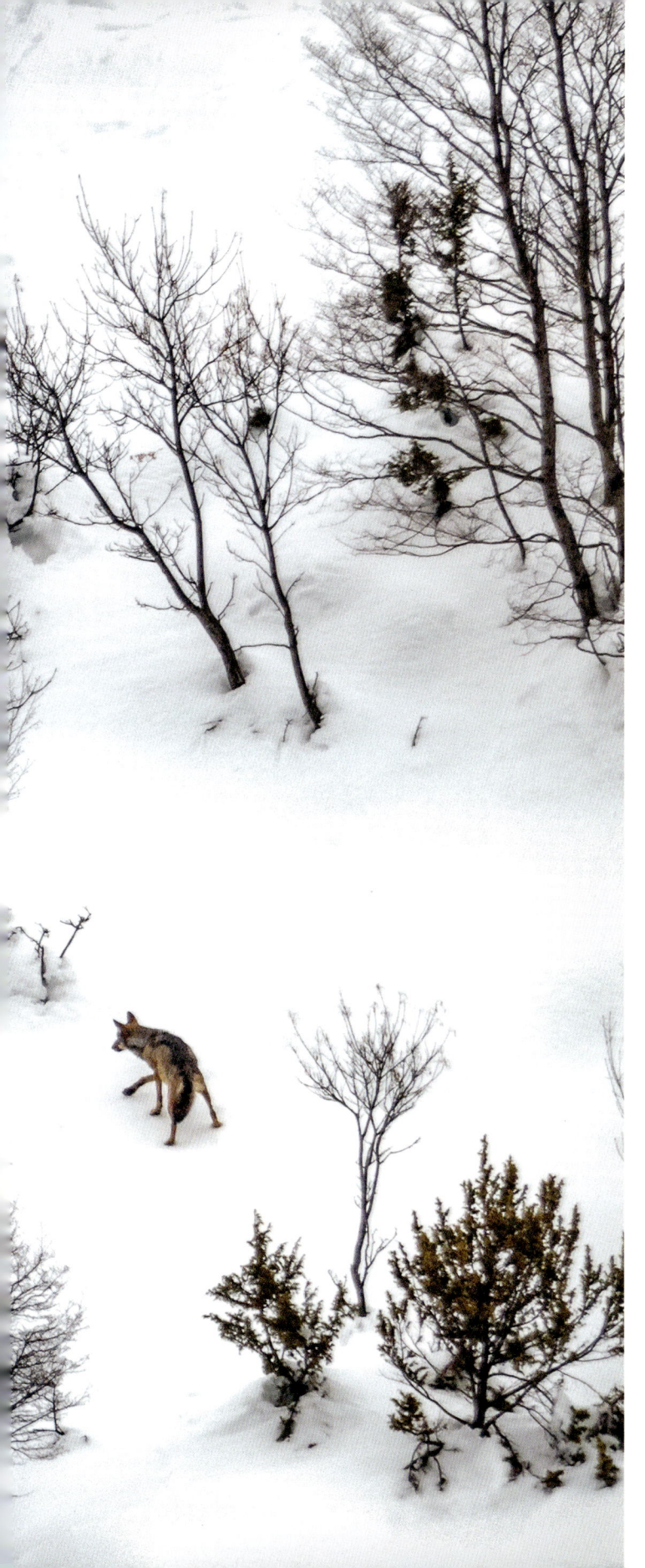

**회색늑대와 맞닥뜨린 붉은사슴 무리**

팽팽한 긴장감으로 가득하다. 이탈리아 아펜니노 산맥의 한 골짜기에서 한 무리의 붉은사슴이 자신들을 노리는 회색늑대와 목숨을 건 신경전을 벌이고 있다. 붉은사슴은 회색늑대와 맞닥뜨릴 경우 오히려 자연스럽게 대형을 유지하고 멈추어 서서 늑대가 사냥을 포기하고 돌아가기를 기다린다. 도망치기 위해 섣부르게 흩어졌다가는 더 큰 위험에 빠질 수 있기 때문이다. © Bruno D'Amicis / naturepl.com,, Red Deer, Grey Wolf,, Abruzzo, Italy

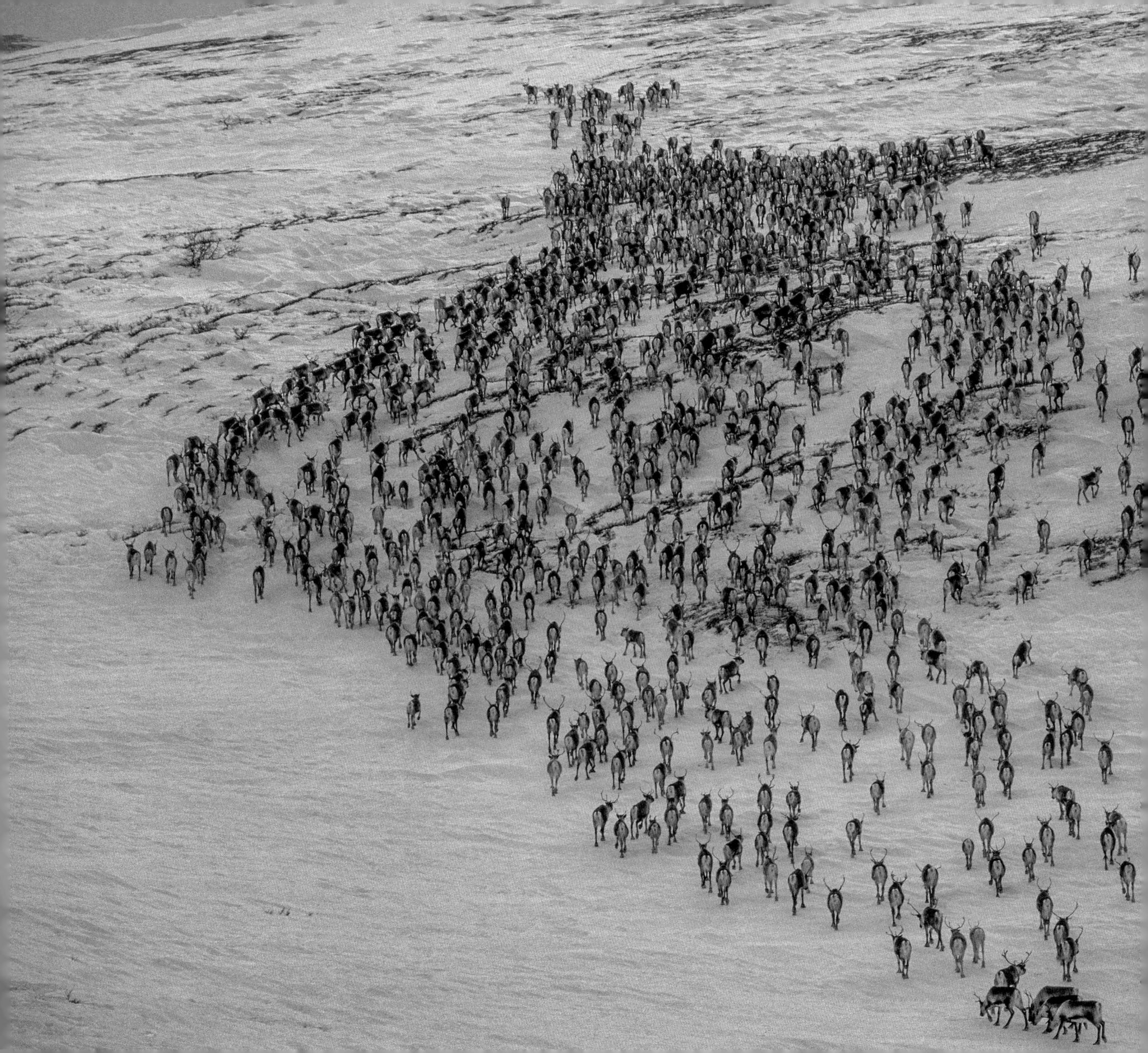

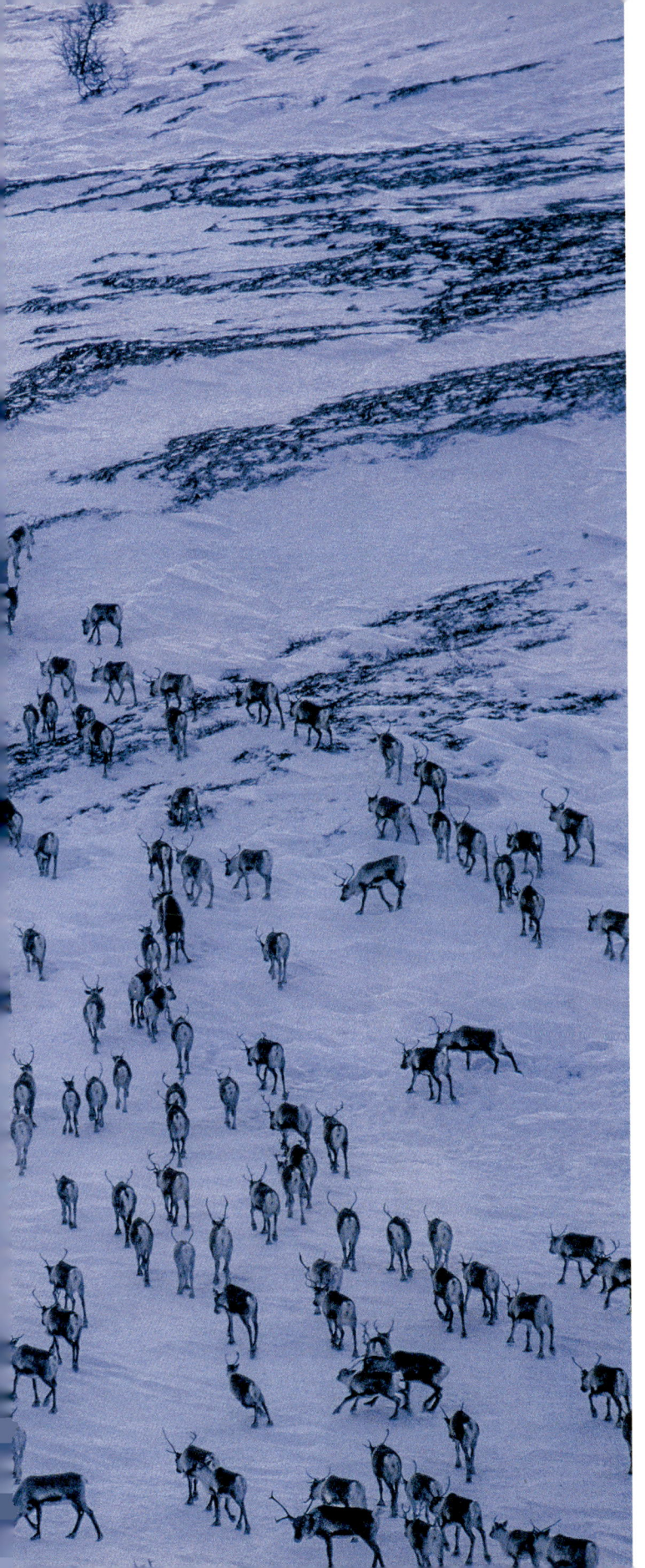

### 대이동의 장관을 연출하는 순록 무리

엄청난 숫자의 순록들이 대이동의 장관을 연출하고 있다. 하지만 순록 떼의 이동에 관한 한 이 정도 규모는 그리 대단한 것이 아니다. 순록 중에는 무려 50만 마리 이상이 하나의 무리를 이루어 이동하는 경우도 있다. 이동 거리 또한 놀라운데 녀석들 중 일부는 연간 5,000킬로미터 이상을 이동한다. 도대체 어떤 치밀한 계획이 이와 같은 대이동을 가능하게 만드는 것일까? © Erlend Haarberg / naturepl.com,, Wild Reindeer,, Forollhogna National Park, Norway, January

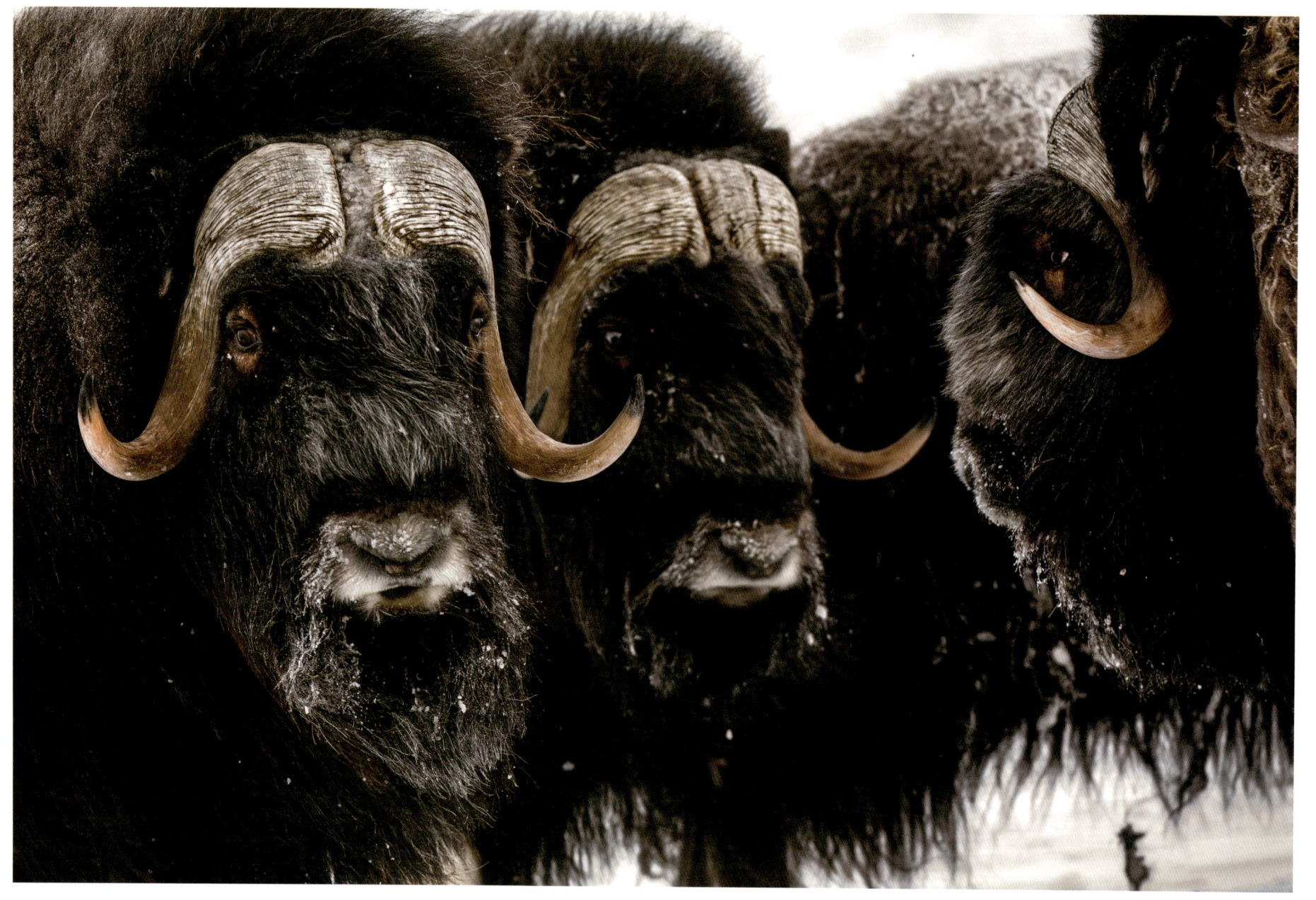

## 사향소들이 혹한의 추위를 이겨내는 법

얼마나 추웠으면 뿔까지 구부려 얼굴을 가렸을까? 북극권의 동토대에서 살아가는 사향소 (麝香 -)들에게 혹한의 추위는 녀석들을 괴롭히는 가장 큰 위협이다. 하지만 녀석들은 짧은 목과 다리, 60센티미터 이상 자라는 긴 털, 넓은 발굽 등을 가지고 이 가혹한 환경에 당당하게 맞선다. 사진은 러시아 북동부에 위치한 브랑겔 섬에서 늑대들을 막기 위해 몸을 바짝 붙이고 서 있는 사향소 무리의 모습이다. © Sergey Gorshkov / Minden Pictures,, Muskox,, Wrangel Island, Russia

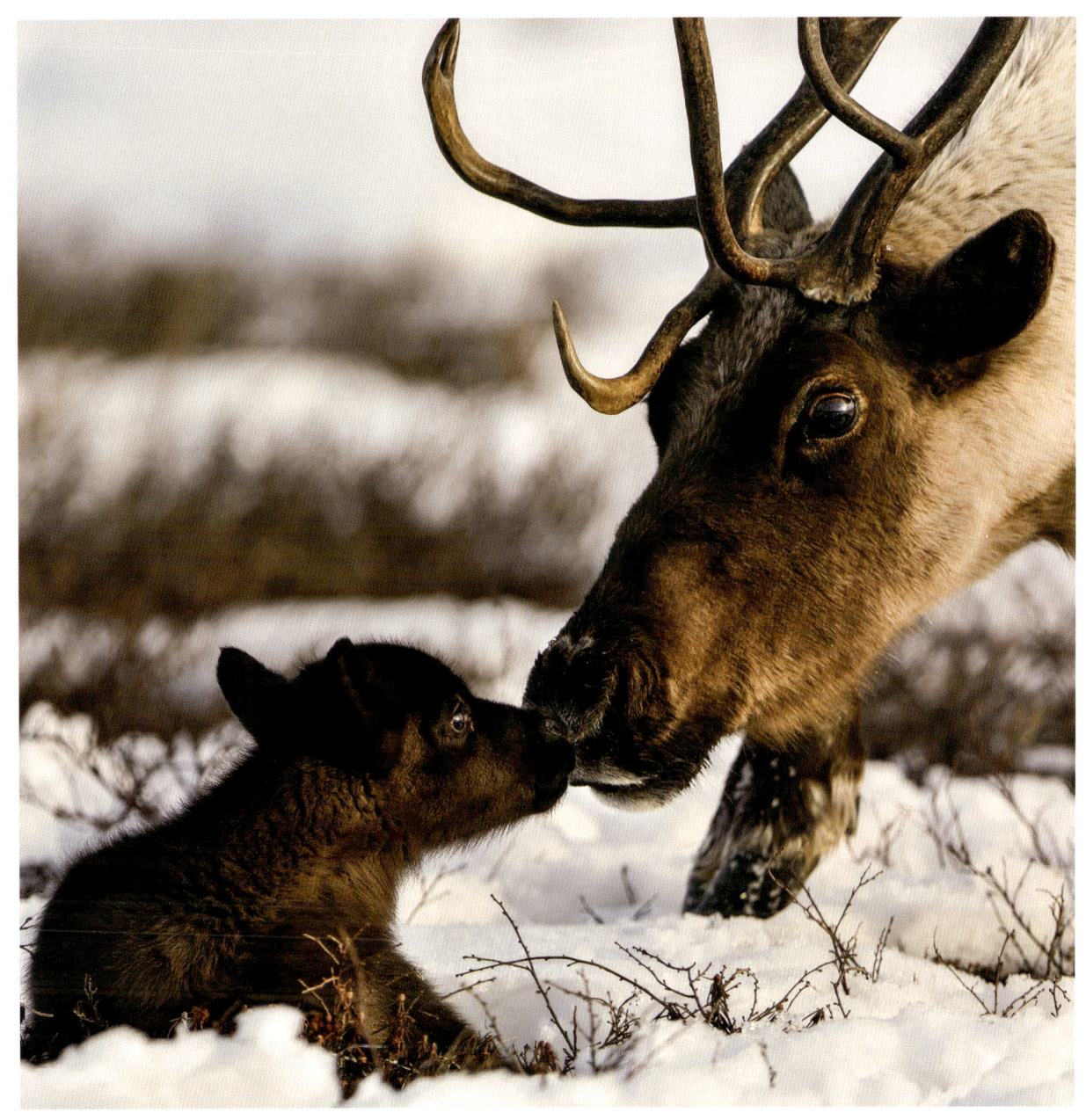

### 새끼와 코를 비비는 어미 순록

아직 눈이 채 녹지 않은 러시아 캄차카 반도의 봄—, 눈빛 속에 걱정스러움을 가득 담은 어미 순록이 새끼와 코를 비비고 있다. 새끼는 태어난 지 1시간만 지나면 일어서서 어미를 따라 뛰어다니기 시작하고, 하루만 지나면 올림픽 육상선수보다 빨리 달릴 수 있다. 순록 은 사슴 종류 중에서는 유일하게 암컷도 뿔을 가지고 있다. © Sergey Gorshkov / Wildlife Exhibition Korea,, Wild Reindeer,, Kamchatka, Russia

# 파충류와 양서류들
# REPTILES & AMPHIBIANS

양서류는 땅 위로 올라온 최초의 척추동물로 약 3억 6,000만 년 전 물고기에서 진화해 나왔다. 땅 위에서는 물론 물속에서도 살 수 있으며, 폐와 함께 피부로도 호흡한다. 화려한 몸 색깔을 가진 종들이 많은데 이는 고약한 독을 가지고 있다는 경고의 표시이다. 양서류는 척추동물 중에서 지구 온난화에 가장 취약한 종으로 알려져 있다. 파충류는 약 3억 년 전 양서류에서 진화해 나왔으며 양서류와 마찬가지로 땅 위와 물속을 오가며 살 수 있다. 피부는 딱딱한 비늘로 뒤덮여 있는 경우가 대부분이다.


냉혈동물(冷血動物)이지만 햇볕을 쬐면 사람만큼 따뜻해진다.

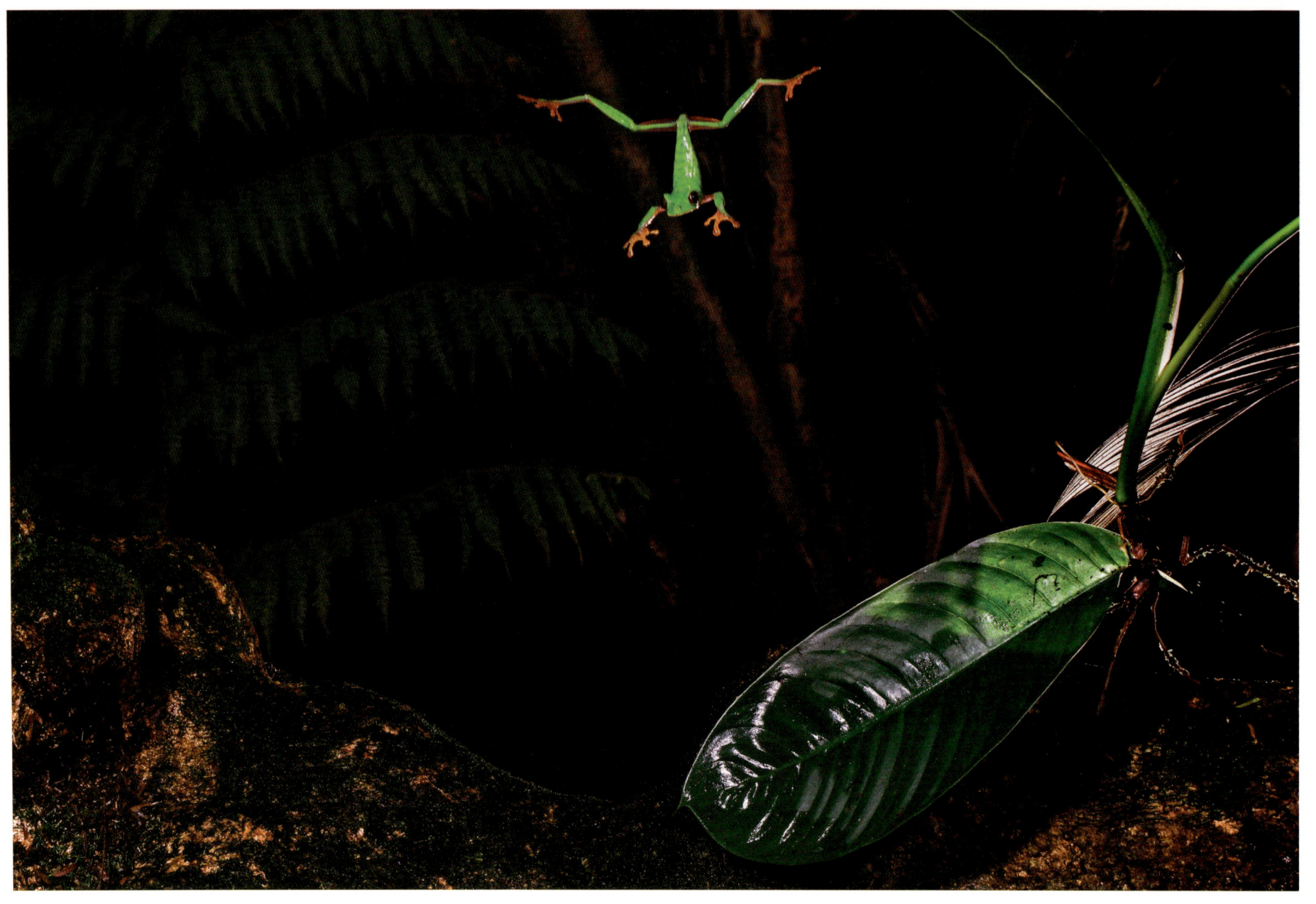

**수컷 별난나뭇잎개구리의 구혼 여행**

화려한 주황색 발을 가진 별난나뭇잎개구리가 나뭇잎에서 물 위로 뛰어내리며, 어둑어둑한 코스타리카의 열대우림 속을 환하게 밝힌다. 녀석은 '사랑의 세레나데'를 부르며 짝을 찾아 나선 번식기의 수컷인데, 암컷을 찾으면 암컷의 몸에 올라타기 위해 다른 수컷들과 치열한 경쟁을 펼쳐야 한다. © Christian Ziegler / Minden Pictures,, Misfit Leaf Frog,, La Selva, Costa Rica

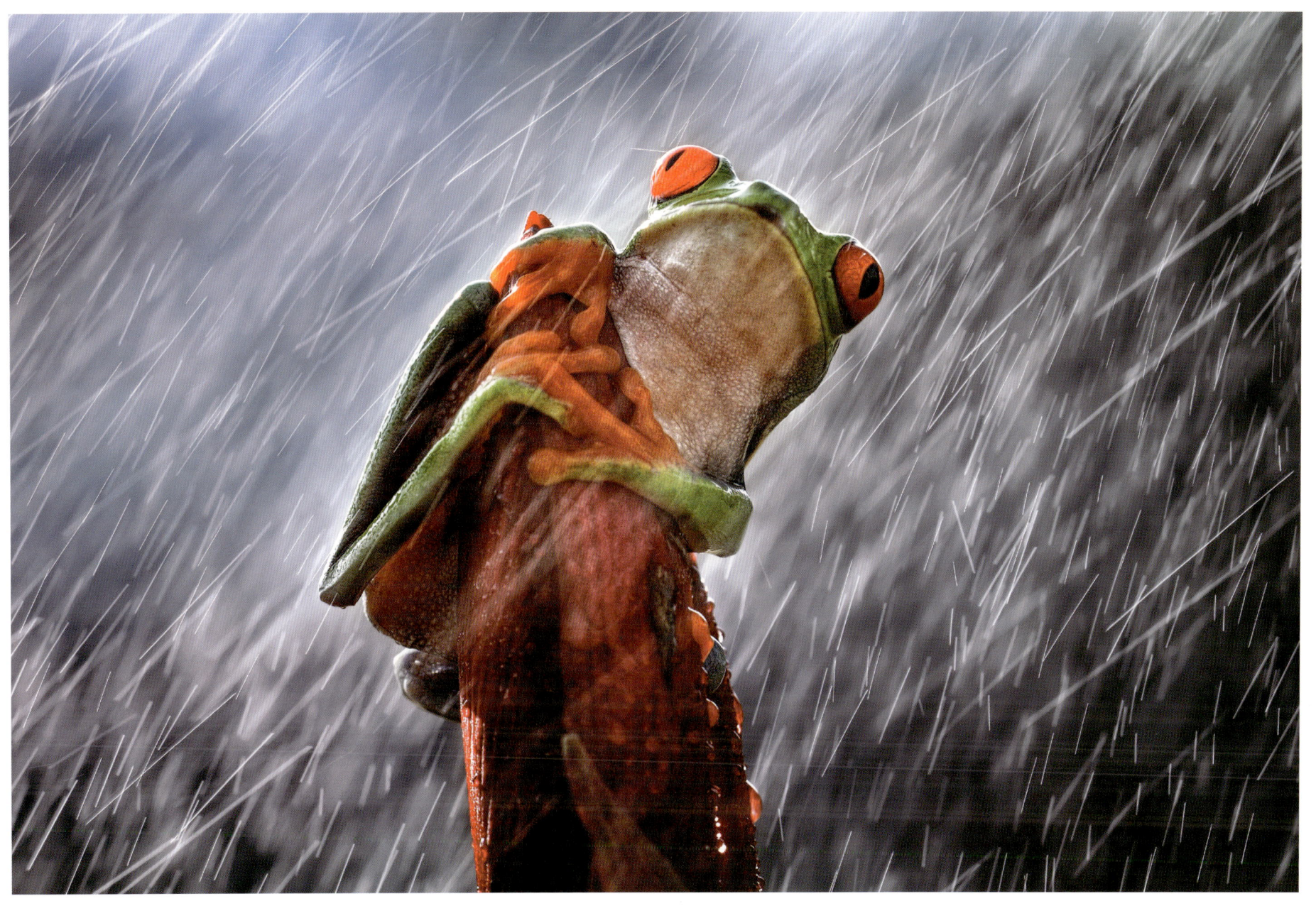

**빗줄기를 향해 눈을 부릅뜬 붉은눈청개구리**

쏟아지는 빗줄기를 놀라게 하고 싶었던 것일까? 포식자인 새나 뱀을 깜짝 놀라게 하기 위해 툭 튀어나온 붉은 눈알과 주황색 발을 이용하는 붉은눈청개구리가, 이번에는 쏟아지는 빗줄기를 향해 눈을 부릅떴다. 녀석의 발에는 끈적끈적한 점액을 분비하는 빨판이 달려 있어 미끄러운 줄기에도 어렵지 않게 매달려 있을 수 있다. © Shikhei Goh / Wildlife Exhibition Korea,, Red-eyed Tree Frog

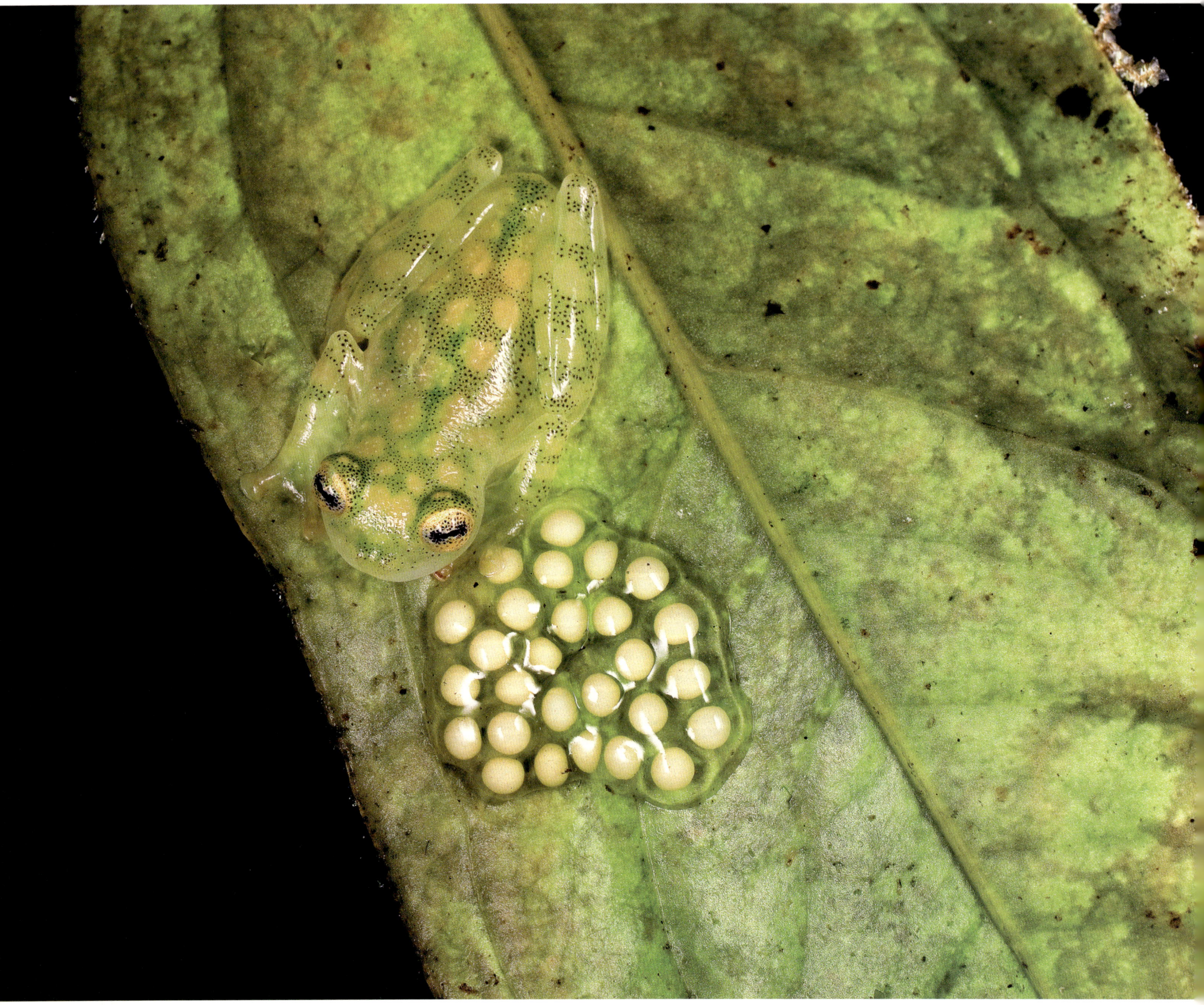

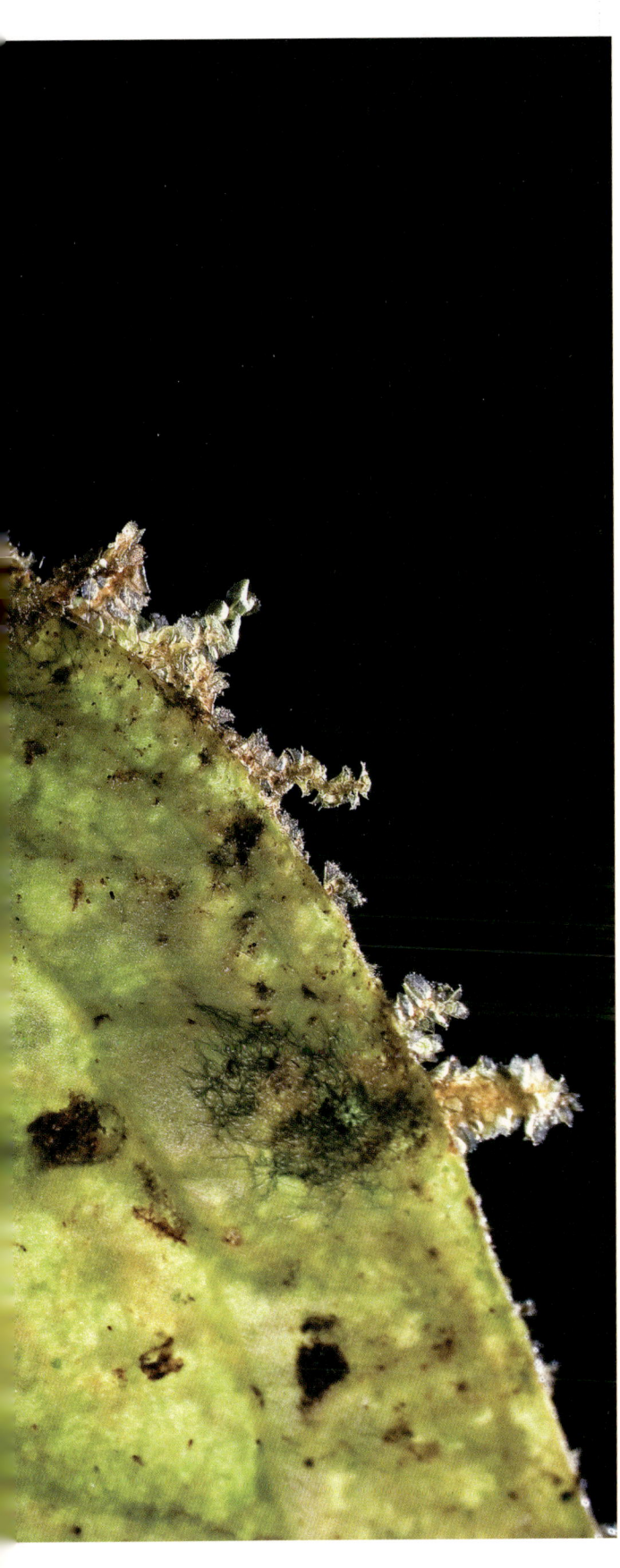

## 알을 지키는 수컷 그물무늬유리개구리

코스타리카의 열대우림에 서식하는 수컷 그물무늬유리개구리가 끈적끈적한 젤리 모양의 알 곁에 앉아 있다. 내부 장기는 물론 뼈까지 투명한 이 수컷이 온몸에 그물 무늬를 그려 넣은 것은, 자신의 알 덩어리를 흉내 낸 것이다. 녀석은 알을 노리는 포식자들에게 알 대신 자신의 몸을 먹잇감으로 내놓고 싶었던 것이다. '살신육아(殺身育兒)'라고 말하면 지나친 과장일까? 그물무늬유리개구리는 암컷이 알을 낳고 떠나면 수컷이 알 곁에 남아 헌신적으로 알을 지킨다. © Ingo Arndt / Minden Pictures,, Reticulated Glass Frog,, Costa Rica

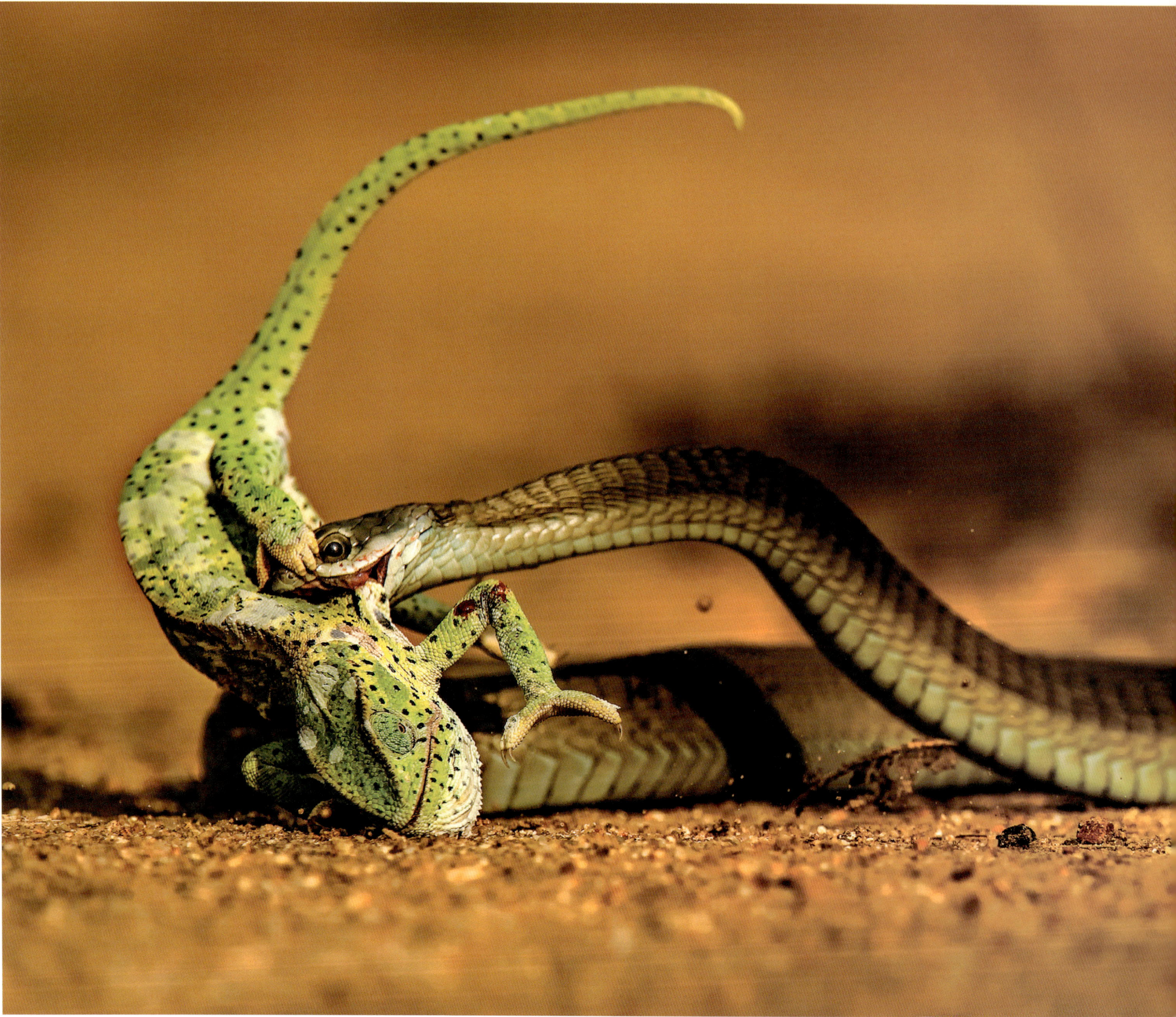

## 목덜개카멜레온 사냥에 성공하는 붐슬랑

전광석화(電光石火)—, 남아프리카공화국 소니부시 야생동물보호구역의 한 공터에서 붐슬랑이 목덜개카멜레온에게 '마지막 한 방'을 날리고 있다. 목덜개카멜레온은 용감하게 맞서긴 했지만, 냉정한 사냥 계획을 가지고 끈기있게 기다린 끝에 자신을 넓친 붐슬랑을 당해낼 수 없었다. 붐슬랑은 아프리카에서 가장 강력한 독(毒)을 가진 독사이다. © Greg du Toit / Wildlife Exhibition Korea,, Boomslang, Flap-neck Chameleon,, Thornybush Game Reserve, South Africa

※붐슬랑의 습성을 잘 알고 있었던 사진가는 붐슬랑의 빠른 공격을 촬영하기에 충분할 만큼 셔터 속도를 높인 다음, 붐슬랑으로부터 2미터 거리까지 기어 갔다.

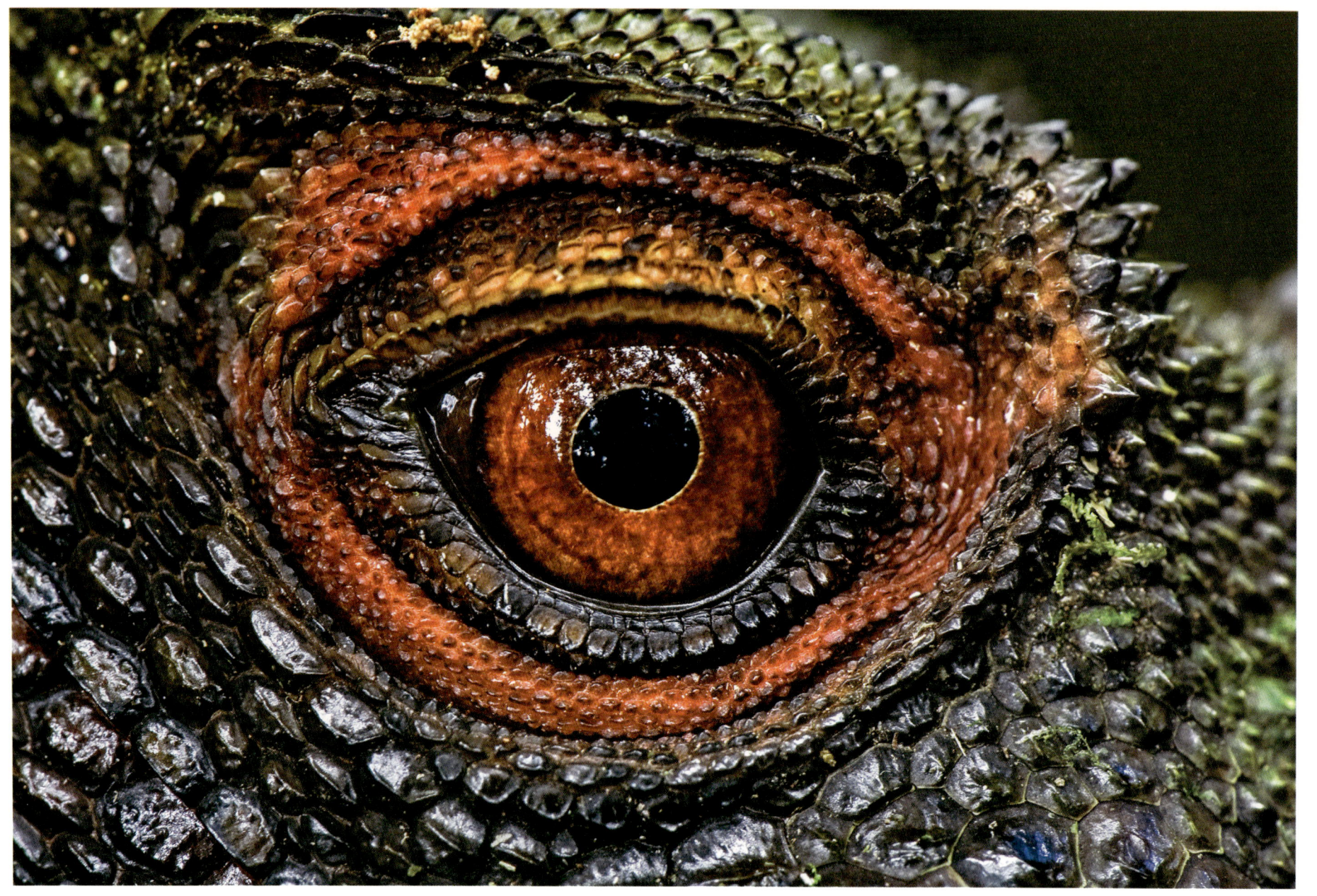

**드래곤도마뱀의 무시무시한 눈**

뉴기니 섬의 드래곤도마뱀은 이처럼 무시무시한 눈을 뜨고 앉아서 먹잇감을 기다린다. 곤충이나 작은 척추동물을 잡아먹는 녀석은 사냥을 위해 한번 자리를 잡으면 거의 움직이지 않기 때문에 녀석의 비늘 위에서는 종종 조류(藻類)나 양치류(羊齒類) 같은 작은 녹색 식물이 자라난다. © Piotr Naskrecki / Minden Pictures,, Indonesian Forest Dragon,, Papua New Guinea

**먹잇감을 향해 혀를 뻗은 파슨카멜레온**

마다가스카르 섬의 파슨카멜레온이 먹잇감을 향해 혀를 뻗고 있다. 노란색 눈두덩과 뭉툭한 혀끝이 우스꽝스러워 보일지 모르지만, 녀석에게 먹잇감을 덮치려는 지금만큼 중요한 순간은 없다. 녀석은 최대 길이가 몸길이의 2배에 이르는 혀를 가지고 있는데, 혀끝이 동글납작하고 끈끈해서 먹잇감을 쉽게 낚아챌 수 있다. 파슨카멜레온은 마다가스카르는 물론 세계에서 가장 몸집이 큰 카멜레온으로 몸길이가 68센티미터에 이른다. © Ingo Arndt / Minden Pictures,, Parson's Chameleon,, Madagascar

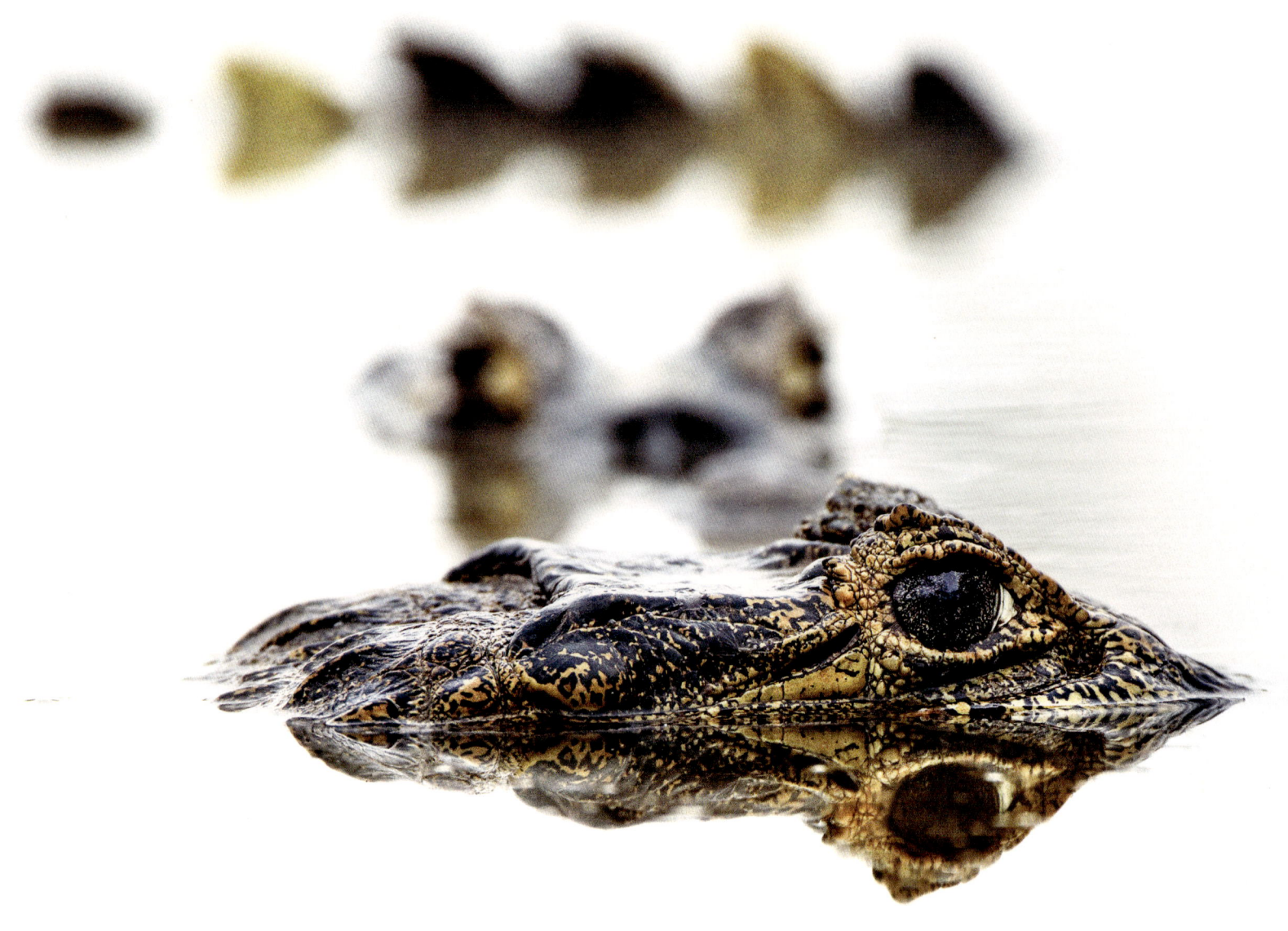

**안경카이만, 습지 사냥 전략가**

브라질 판타날 습지의 안경카이만이 물속에 몸을 숨긴 채 주변을 살피고 있다. 수중 생활
에 완벽하게 적응한 포식자인 안경카이만들은 습지 주변에 서식하는 온갖 종류의 동물들
을 먹잇감으로 삼는다. 날카로운 이빨과 강력한 턱 외에 전략적인 사냥 능력이 녀석들의
성공 비결이다. 녀석들은 좀더 쉽게 물고기를 잡기 위해 물고기를 물가로 몰아가기도 한
다. © David Pattyn / naturepl.com,, Spectacled Caiman,, Pantanal, Brazil

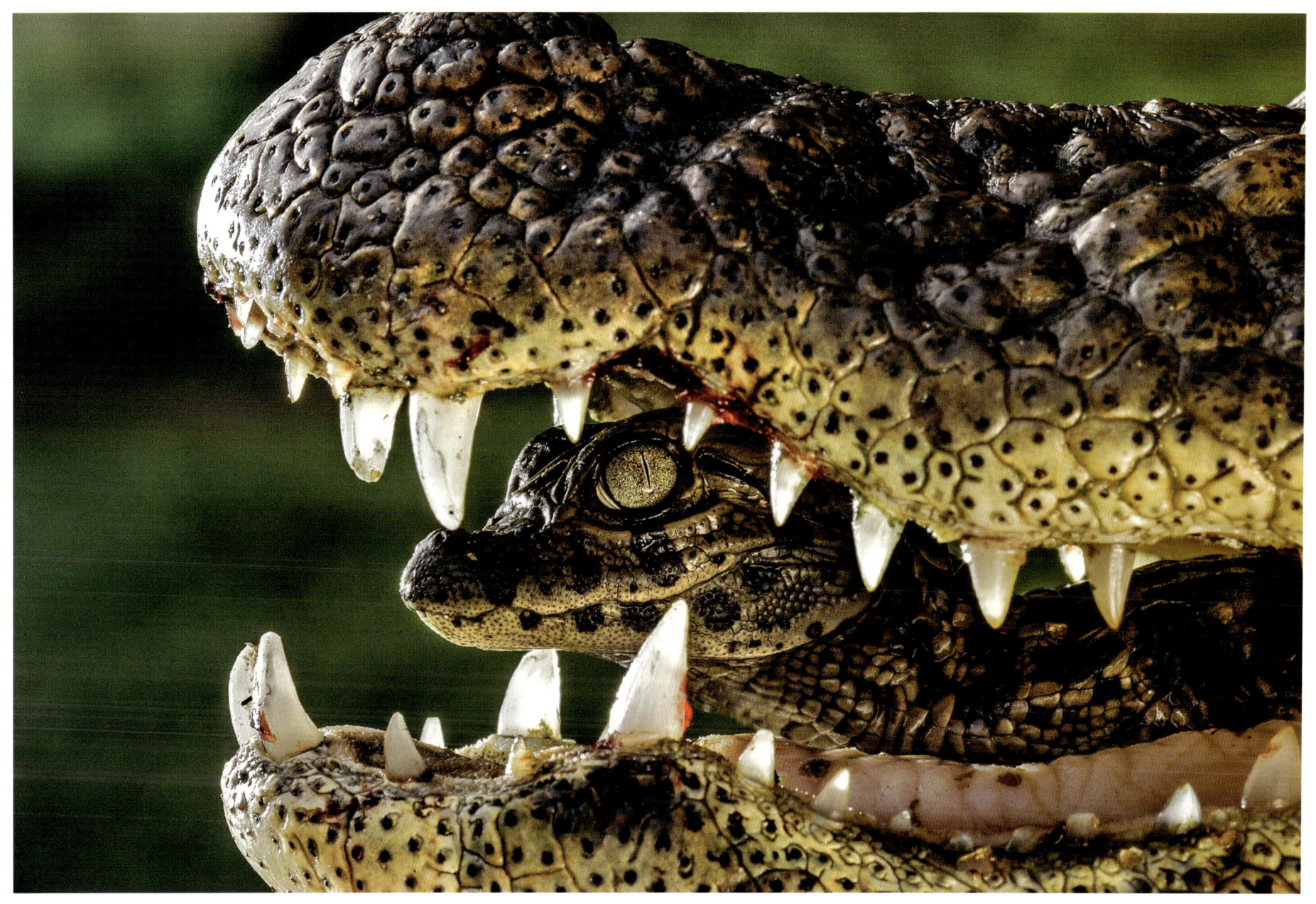

**갓 태어난 새끼 넓은코카이만의 세상 구경**

'습지 최고의 사냥꾼'이라는 명성을 가진 악어들의 세계에서도 알에서 막 깨어난 새끼들은 작고 연약한 존재들일 뿐이다. 하지만 너무 걱정할 필요는 없다. 어느 정도 자랄 때까지 새끼들은 어미의 극진한 보살핌을 받을 수 있다. 사진은 아르헨티나 산테페의 한 습지에서 갓 태어난 새끼 넓은코카이만이 어미의 입속에 앉아 바깥세상 구경을 하는 모습이다. © Mark MacEwen / naturepl.com,, Broad Snouted Caiman,, Sante Fe, Argentina, February

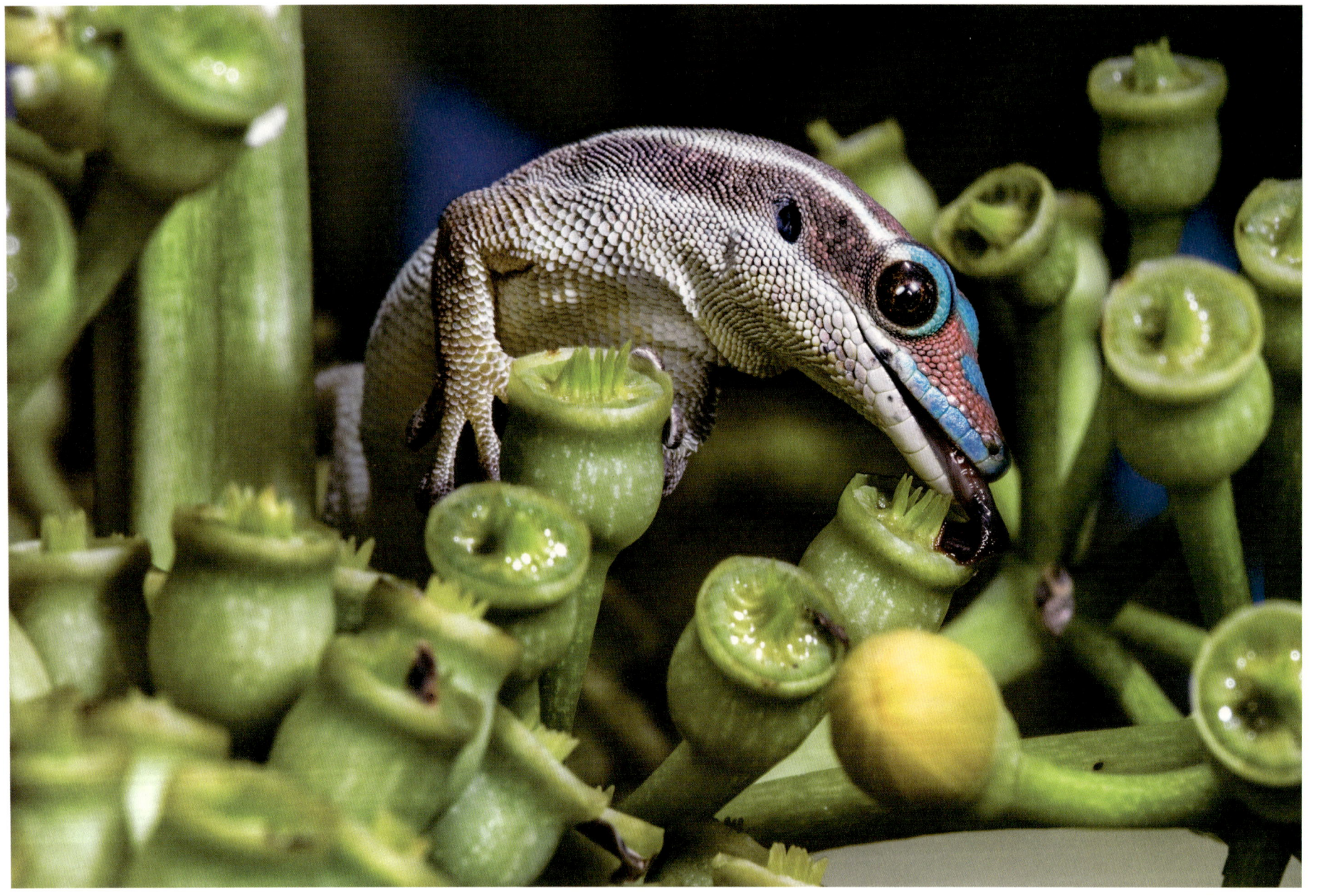

**꿀을 먹는 장식낮도마뱀붙이의 부업**

인도양 모리셔스 섬에서 장식낮도마뱀붙이 한 마리가 두릅나무에 올라가 꿀을 핥아먹고 있다. 장식낮도마뱀붙이는 다른 도마뱀붙이들과 마찬가지로 벌레 종류를 좋아하지만 꿀과 열매도 마다하지 않는다. 이런 식습관 덕분에 녀석은 두릅나무의 꽃가루받이에도 한몫 단단히 한다. © Mark W. Moffett / Minden Pictures,, Ornate Day Gecko,, Mauritius

## 새끼 장수거북의 입수(入水)

프랑스령 기아나 카옌 시의 해변에서 갓 태어난 새끼 장수거북 한 마리가 막 바닷물로 입수하려고 하고 있다. 독수리와 같은 포식자의 눈길을 피해 알 구덩이에서 여기까지 온 녀석은, 녀석의 일생에서 가장 큰 고비는 넘긴 셈이다. 녀석은 앞으로 한두 고비만 더 넘기면, 수영 실력도 뛰어나고 차가운 물에서도 살아남을 수 있는 강인한 생명체로 자라날 것이다. © Graham Eaton / naturepl.com,, Leatherback Turtle,, Cayenne, French Guiana, July

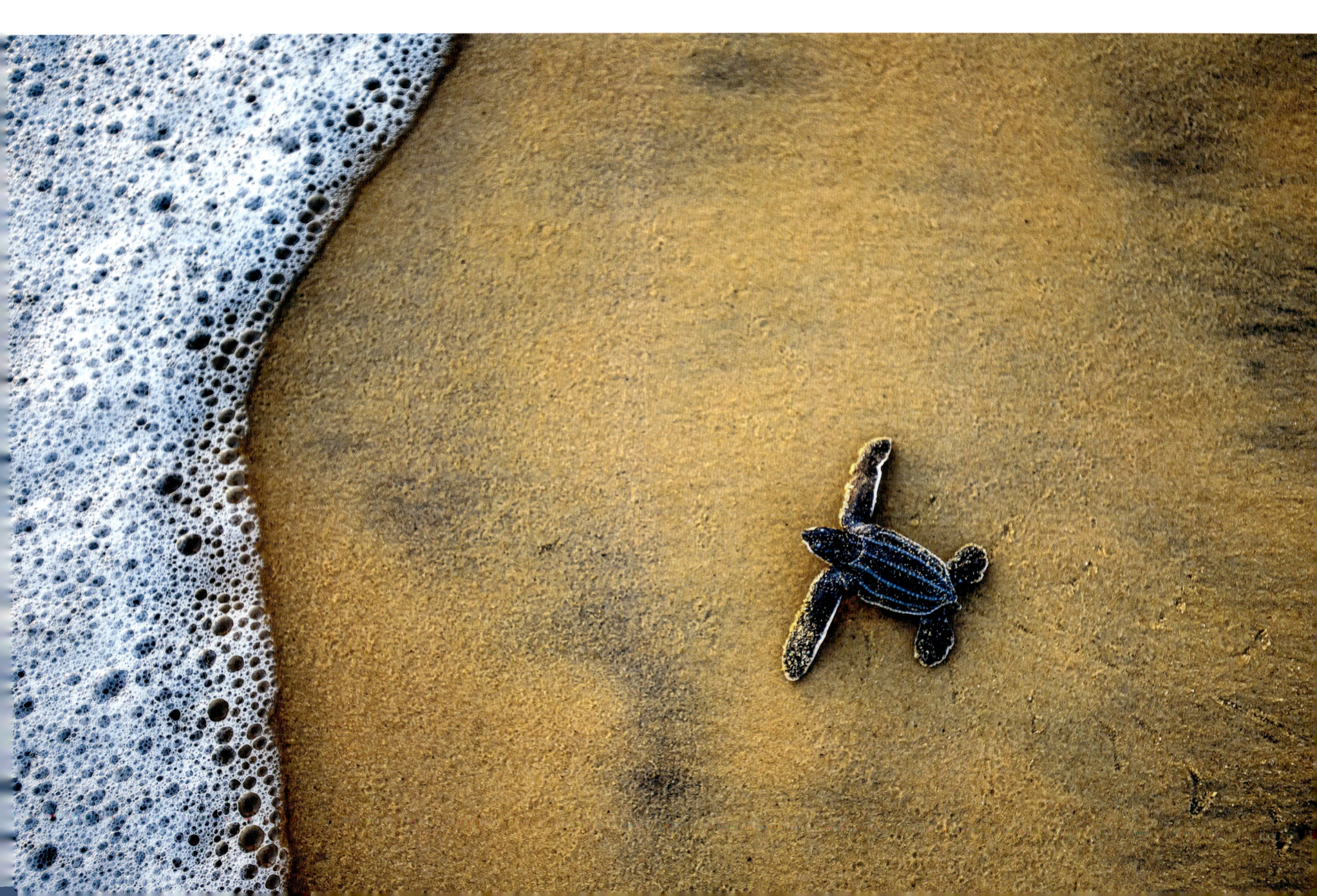

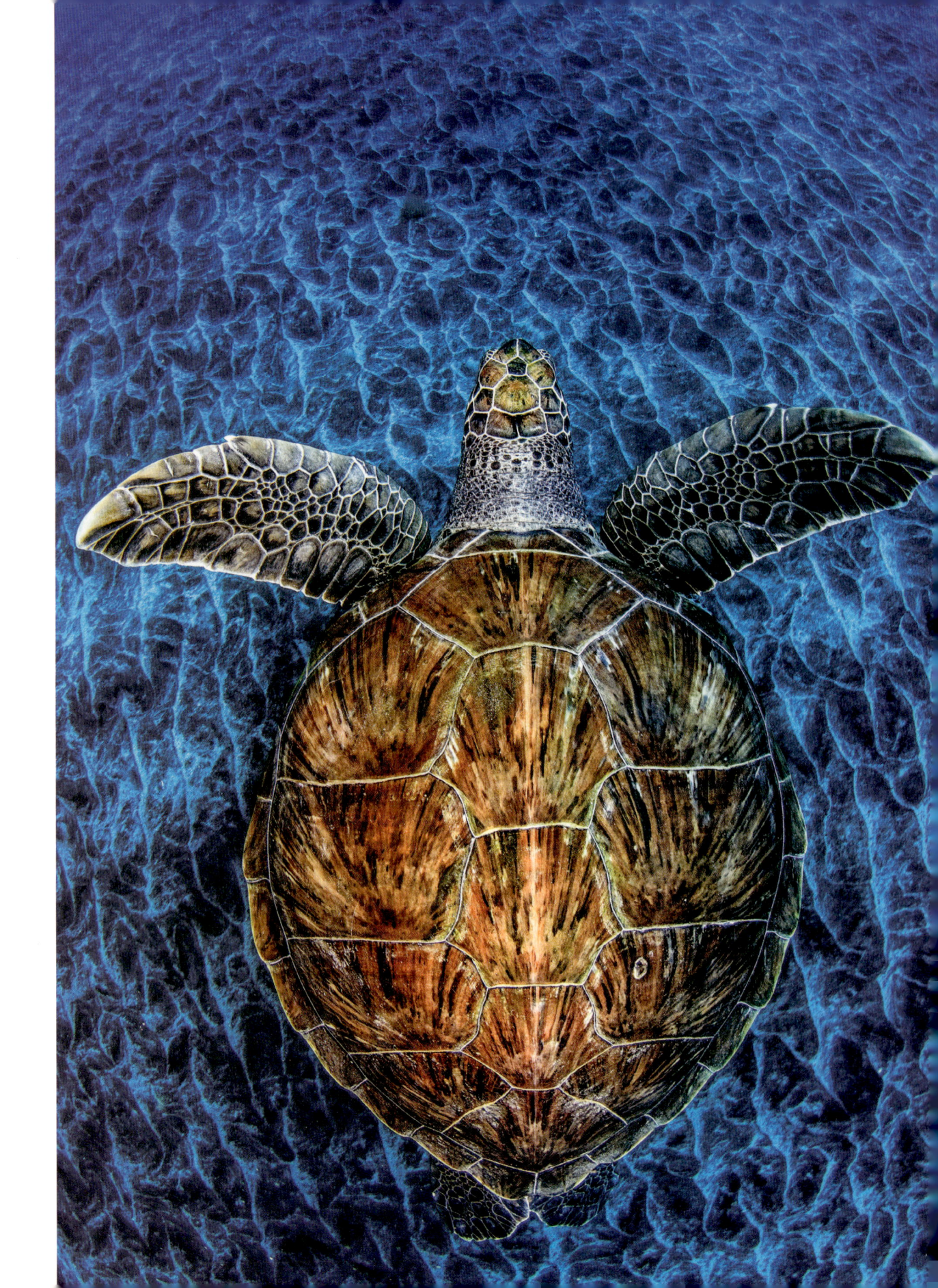

**푸른바다거북의 화려한 등딱지**

어떤 불멸의 손일까? 어떤 불멸의 손이 이처럼 화려한 균형을 만들어낸 것일까? 화산섬으로 이루어진 대서양 카나리아 제도의 바다 밑—, 멋진 등딱지를 가진 푸른바다거북이 검은 화산 모래 위로 일렁이는 투명한 바닷물을 무대 삼아 몸 자랑에 열중하고 있다. 푸른바다거북은 지느러미 같은 앞발을 사용해 시속 30킬로미터 이상으로 빠르게 헤엄칠 수 있다. © Jordi Chias / naturepl.com,, Green Turtle,, Canary Islands, Atlantic Ocean, May

# 물속의 물짐승들
# UNDERWATER CREATURES

처음 섬을 찾았을 때, 나는 이미 섬이 나에게 그 모습을 온전하게
드러내주지 않을 것이라는 사실을 알고 있었다. 단 한 번의
여행으로는 촬영은커녕 섬의 야생동물들을 제대로 구경조차
할 수 없다는 사실을, 나는 이미 잘 알고 있었다. 하지만 나는 이 섬의
혼(魂)을 반영하는 사진을 촬영하기 위해 끊임없이 노력했다.

세르게이 고르시코프(Sergey Gorshkov) ; 러시아의 야생동물 사진가

물속의 어류는 척추동물 무리 중 가장 성공적으로 진화해 온 무리이다. 약 6만 3,000종의 척추동물 중 절반이 넘는 약 3만 4,000종이 어류이다. 폐 대신 아가미로 숨을 쉬고 팔다리 대신 꼬리와 지느러미를 움직여 앞으로 나아간다. 이들 어류는 시각, 청각, 후각, 미각, 촉각 따위의 감각은 물론 전기 자극까지 느끼는 것으로 알려져 있다. 물렁뼈를 가진 연골어류가 있고 단단한 뼈를 가진 경골어류가 있다. 물속에는 고래와 해양 포유류들도 살고 있다. 고래와 해양 포유류는 포유류지만 물고기와 닮은 유선형 몸체와 지느러미발을 가지고 있다.

유선형 몸체와 지느러미는 필수품으로 가지고 있어야 한다.

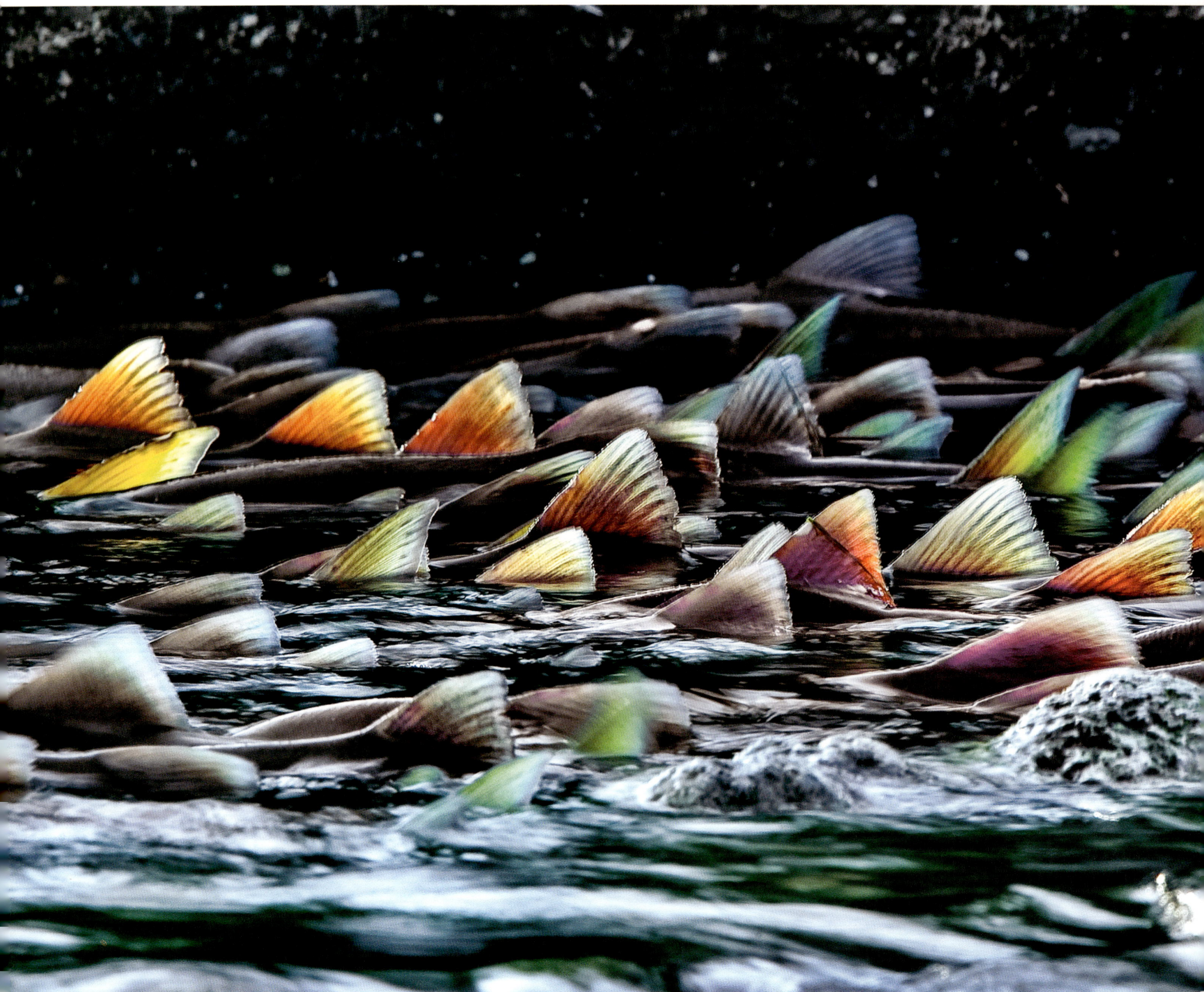

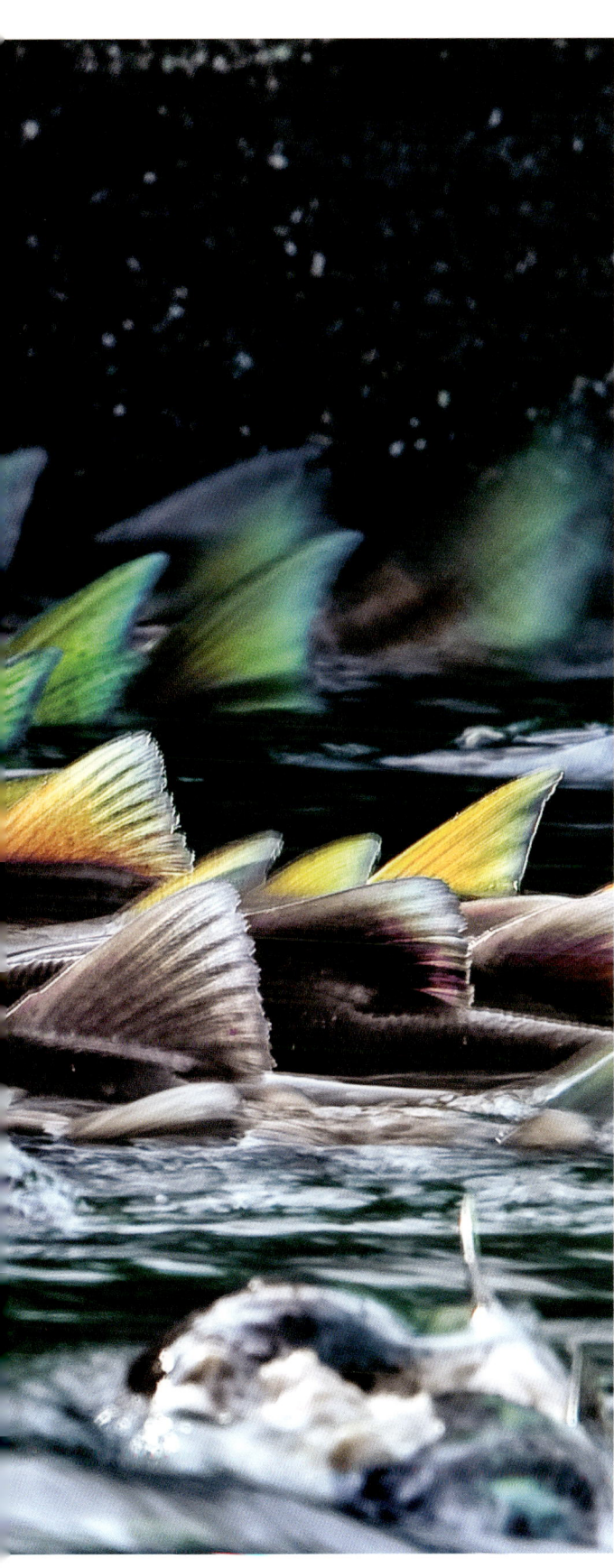

**회귀하는 홍연어들의 등지느러미**

연어의 가장 인기 있는 보금자리인 러시아 동북부의 캄차카 반도—. 산란을 위해 상류로 거슬러 오르는 홍연어들의 등지느러미가, 수심이 얕은 여울 위로 환한 꽃을 피워 올렸다. 바다에서는 청록색이었던 홍연어들의 몸 색깔은 산란을 위해 강으로 들어올 때 찬란한 붉은색으로 바뀐다. © Sergey Gorshkov / Minden Pictures,, Sockeye Salmon,, Kamchatka, Russia

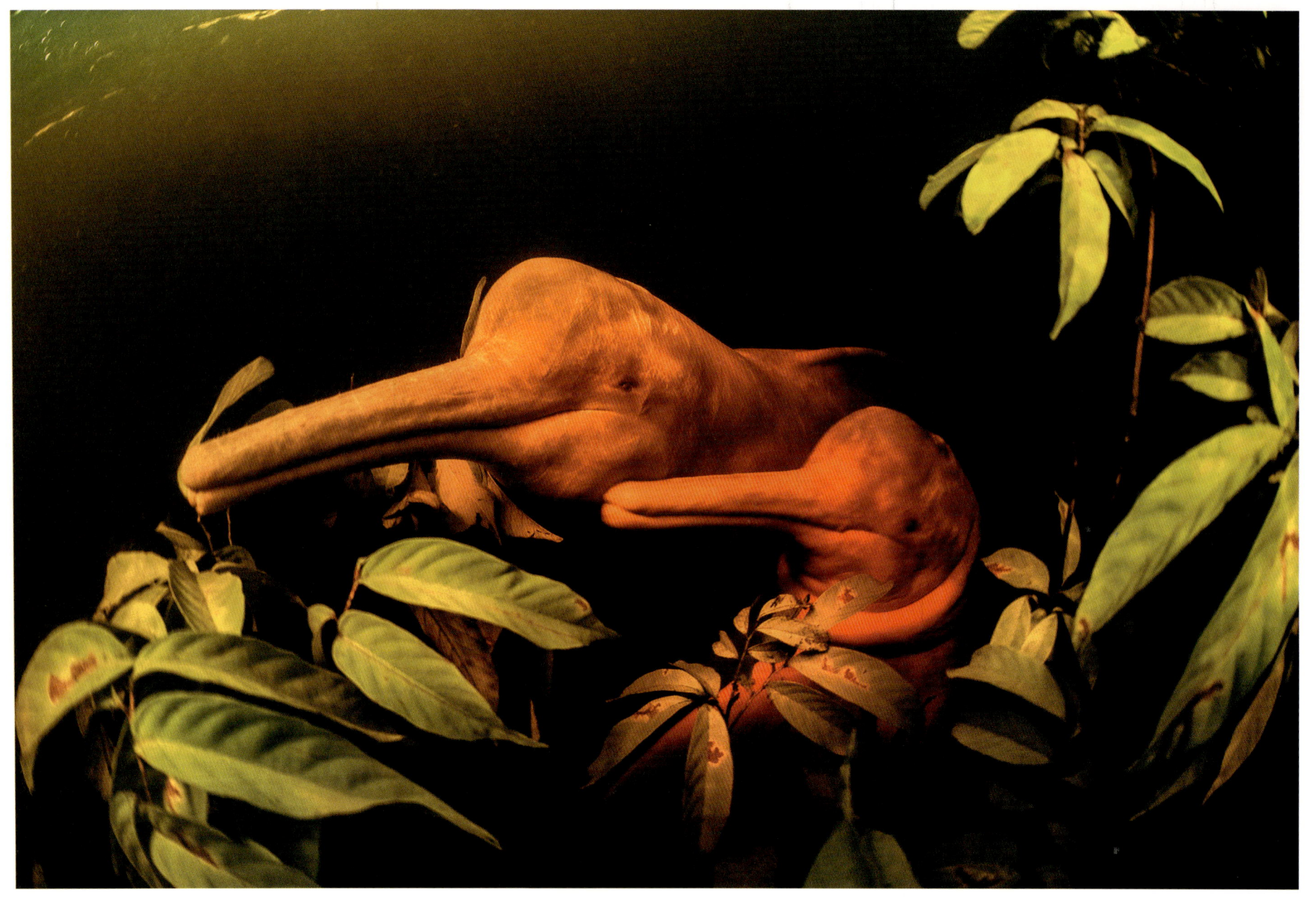

## 먹잇감을 찾는 아마존강돌고래 어미와 새끼

홍수로 물속에 잠긴 아마존 강의 숲에서 아마존강돌고래 어미와 새끼가 먹잇감을 찾고 있다. 아마존강돌고래들은 길고 가는 주둥이를 가지고 있어 나뭇가지 사이에서 헤엄치는 물고기나 강바닥의 갑각류를 어렵지 않게 잡아먹을 수 있다. 녀석들의 연분홍빛 몸이 주황색으로 보이는 것은, 진흙과 썩은 낙엽에 홍차색으로 물든 강물 때문이다. © Kevin Schafer / Minden Pictures,, Amazon River Dolphin,, Rio Negro, Amazonia, Brazil

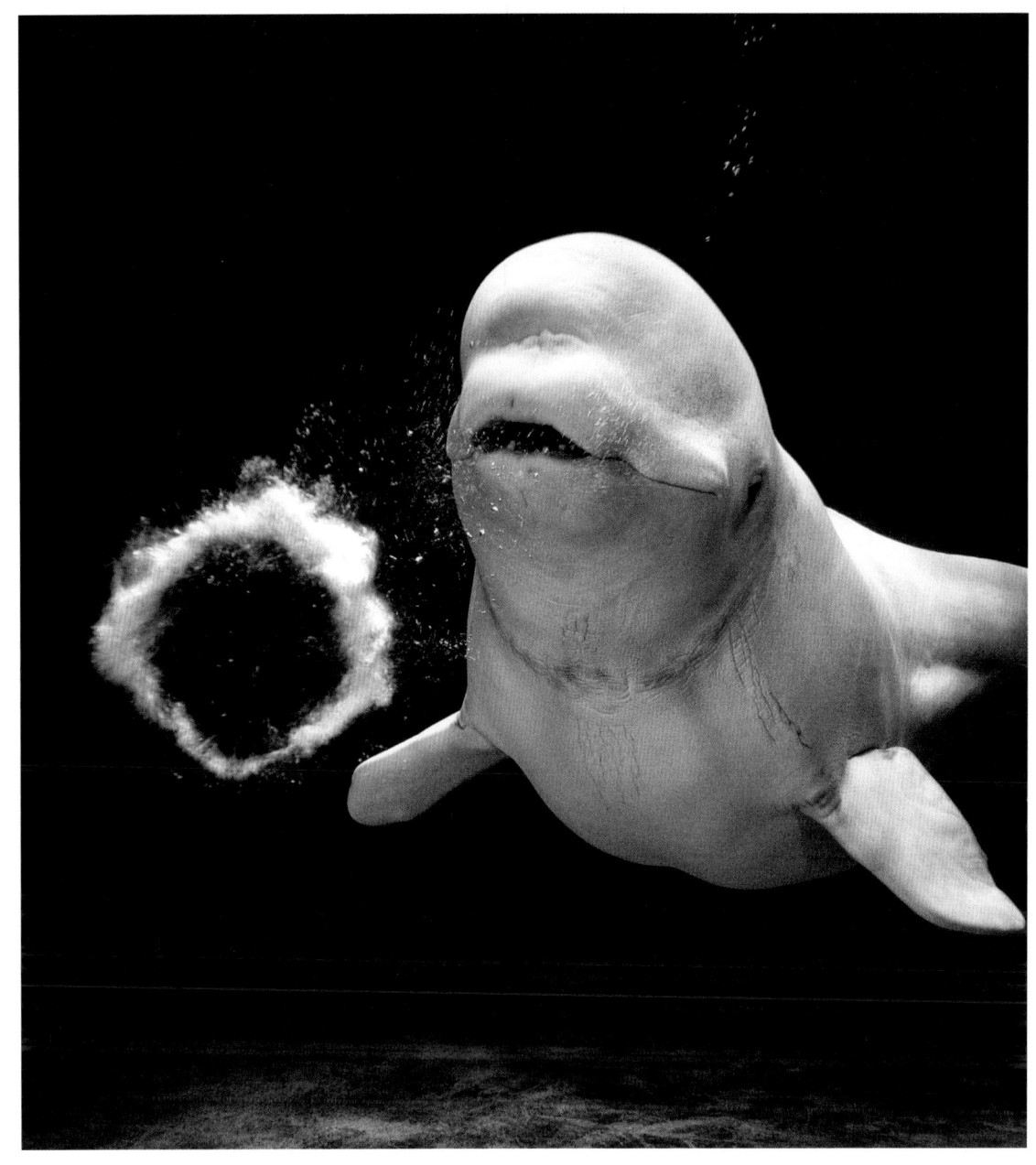

**흰고래의 공기 방울 놀이**

흰고래 한 마리가 고리 모양의 공기 방울을 가지고 놀고 있다. 녀석은 숨구멍으로 큼직한 공기 덩어리를 내뿜어 이 은색의 고리를 만드는데, 고리를 다 만든 후에는 고리 안으로 코를 밀어 넣거나 이리저리 고리를 튕기면서 논다. 흰고래들은 단지 장난감으로 사용하기 위해 이 은색 고리를 '의도적으로' 만든다고 한다. © Hiroya Minakuchi / Minden Pictures,, Beluga Whale,, Shimane Aquarium, Japan

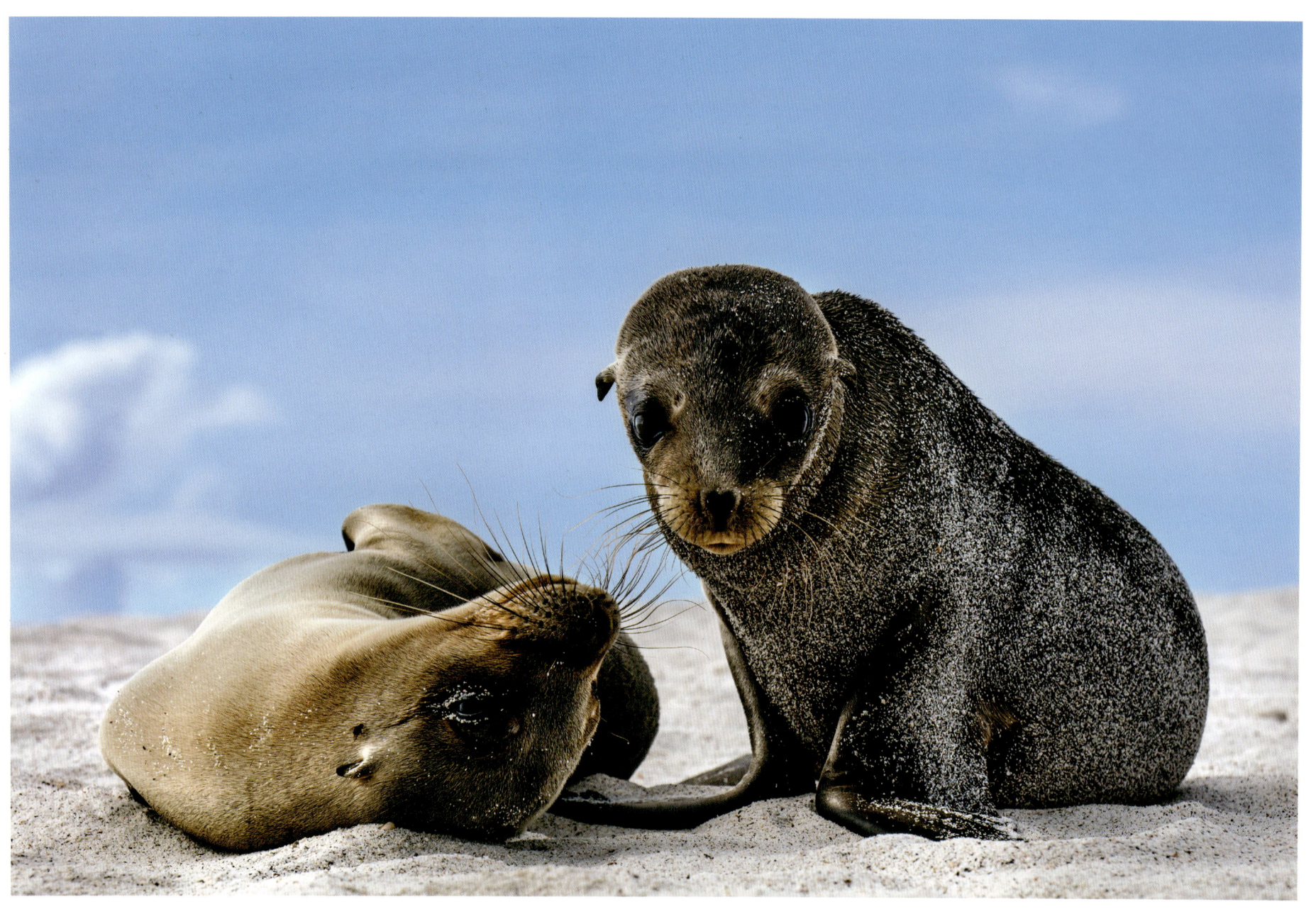

**새끼를 돌보는 어미 갈라파고스바다사자**

'생물 진화의 실험장'으로 일컬어지는 동태평양의 갈라파고스 제도—. 갈라파고스바다사자들 또한 제도의 명성에 누를 끼치지 않는다. 계절에 따라 서식지를 옮겨 다니는 다른 바다사자들과는 달리 녀석들은 1년 내내 갈라파고스 제도를 떠나지 않고 정착 생활을 한다. 사진은 갈라파고스 제도의 해변에서 뒹굴고 있는 어미와 새끼 갈라파고스바다사자의 모습이다. © Tui De Roy / Minden Pictures,, Galapagos Sea Lion,, Galapagos Islands, Pacific Ocean

## 홀로 울고 있는 회색물범

영국 도나누크 자연보호구역의 북해 연안으로 회색물범 한 마리가 기어올라 왔다. 평소에는 30~70미터 깊이의 바닷속에서 물고기나 갑각류를 잡아먹으며 생활하는 회색물범은 새끼를 낳아 기르는 가을이 되면 해안으로 올라와 짝을 찾는다. —홀로 울고 있는 사진 속의 이 녀석은 아직 짝을 찾지 못한 것일까? © Jasper Doest / Minden Pictures,, Grey Seal,, Donna Nook Nature Reserve, England

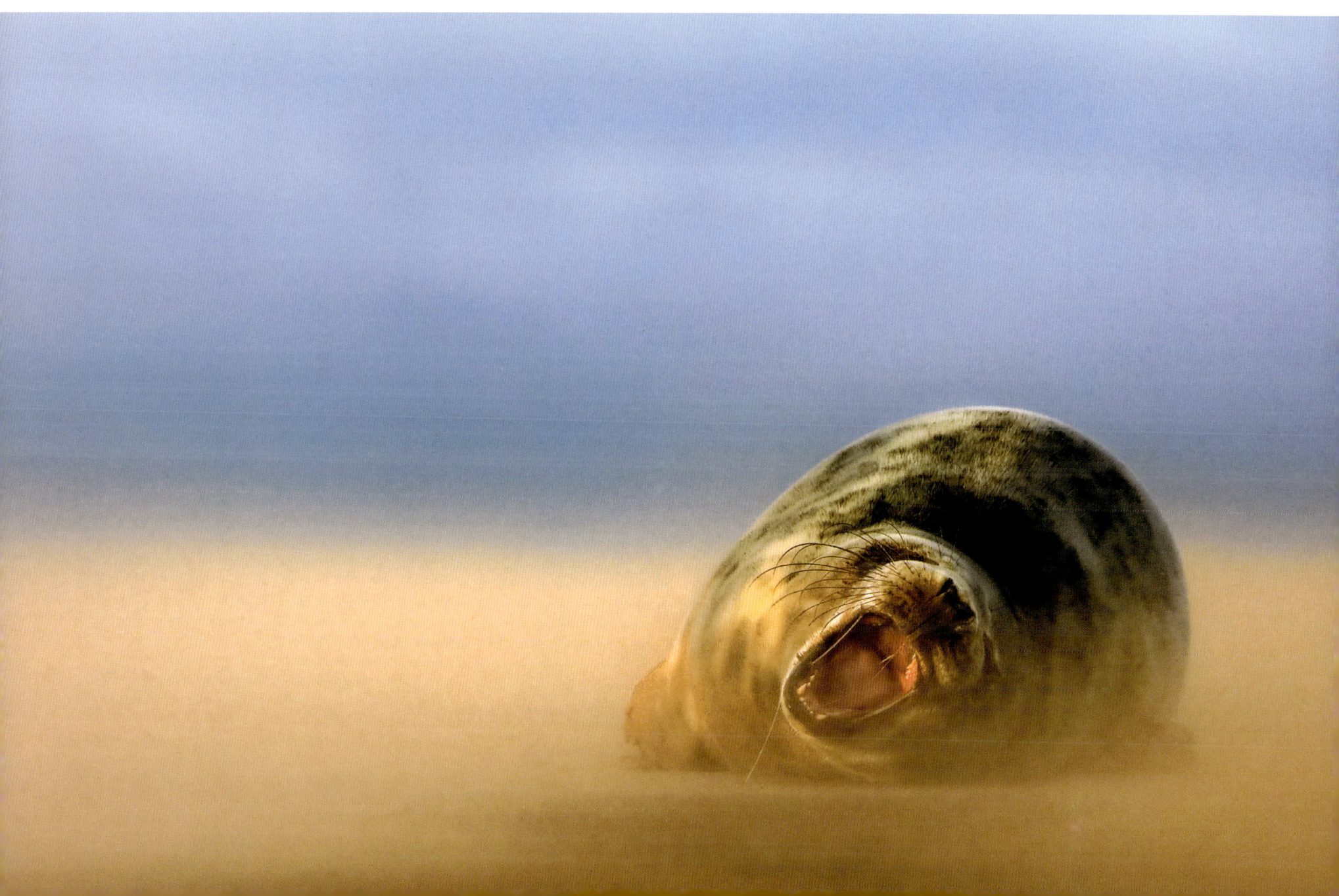

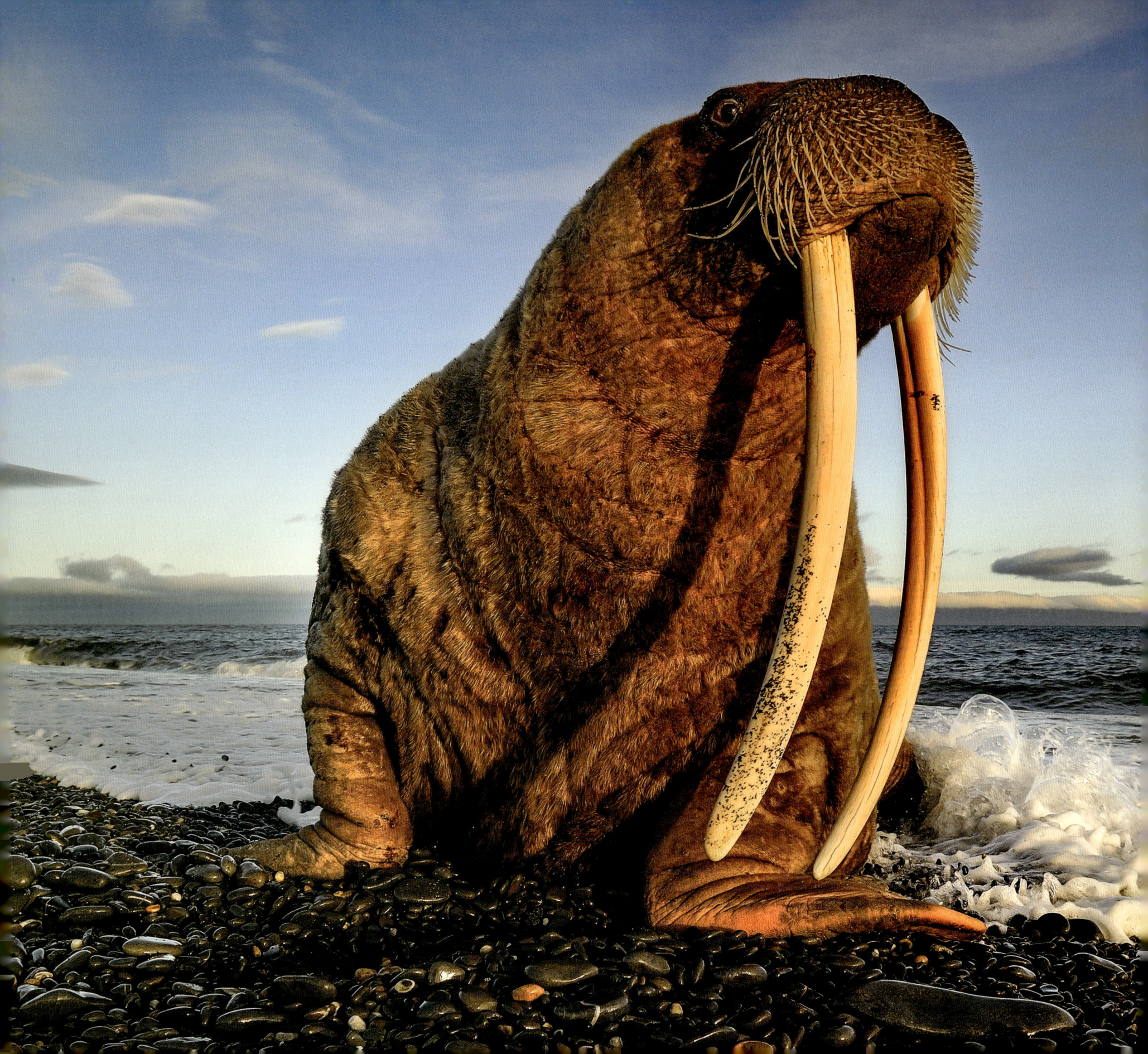

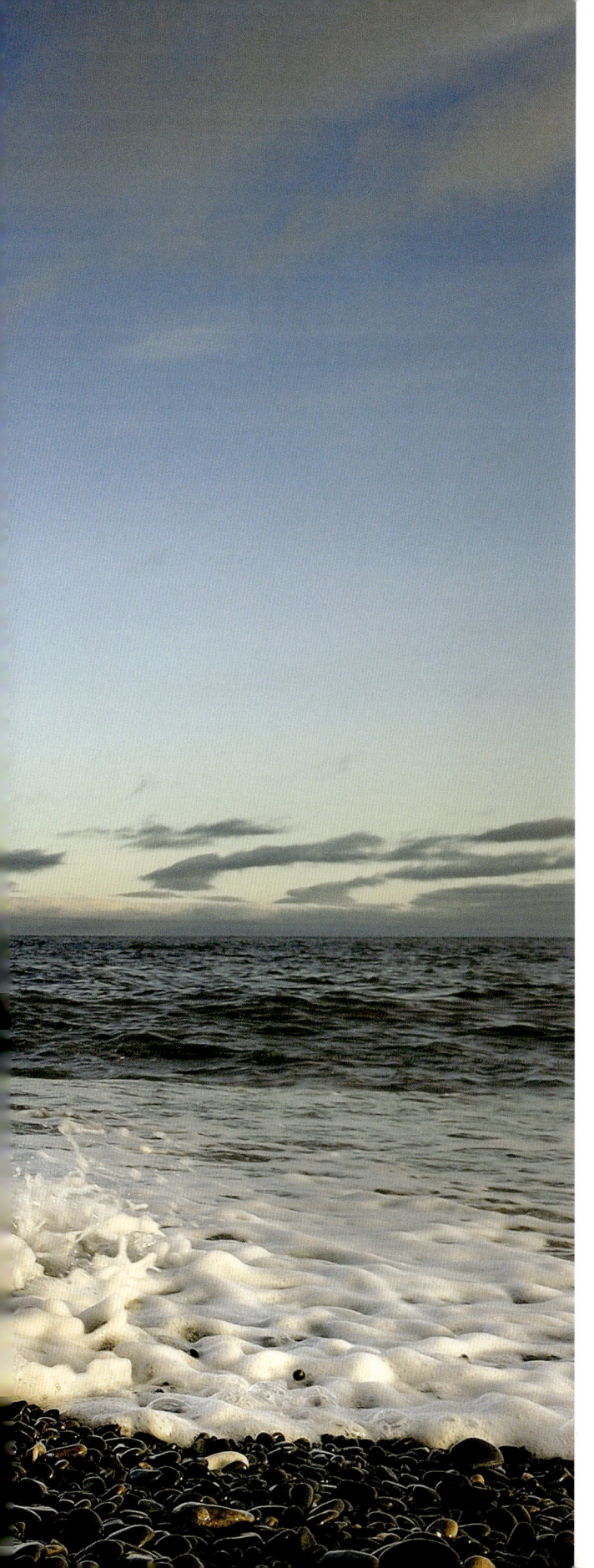

**자갈 덮인 해안의 태평양바다코끼리**

태평양바다코끼리들은 바닷속에서 나와 휴식을 취하고 새끼를 낳아 기르는 장소로 부빙(浮氷)을 선호한다. 하지만 러시아 북동부의 브랑겔 섬에서는 기후 변화로 부빙이 얇아지면서 자갈 덮인 해안으로도 녀석들이 올라오고 있다. 50센티미터 이상 자라는 큼직한 송곳니는 경쟁자나 포식자를 물리칠 때도 쓰지만 부빙으로 올라갈 때 얼음도끼처럼 사용하기도 한다. © Sergey Gorshkov / Wildlife Exhibition Korea,, Pacific Walrus,, Wrangel Island, Russia

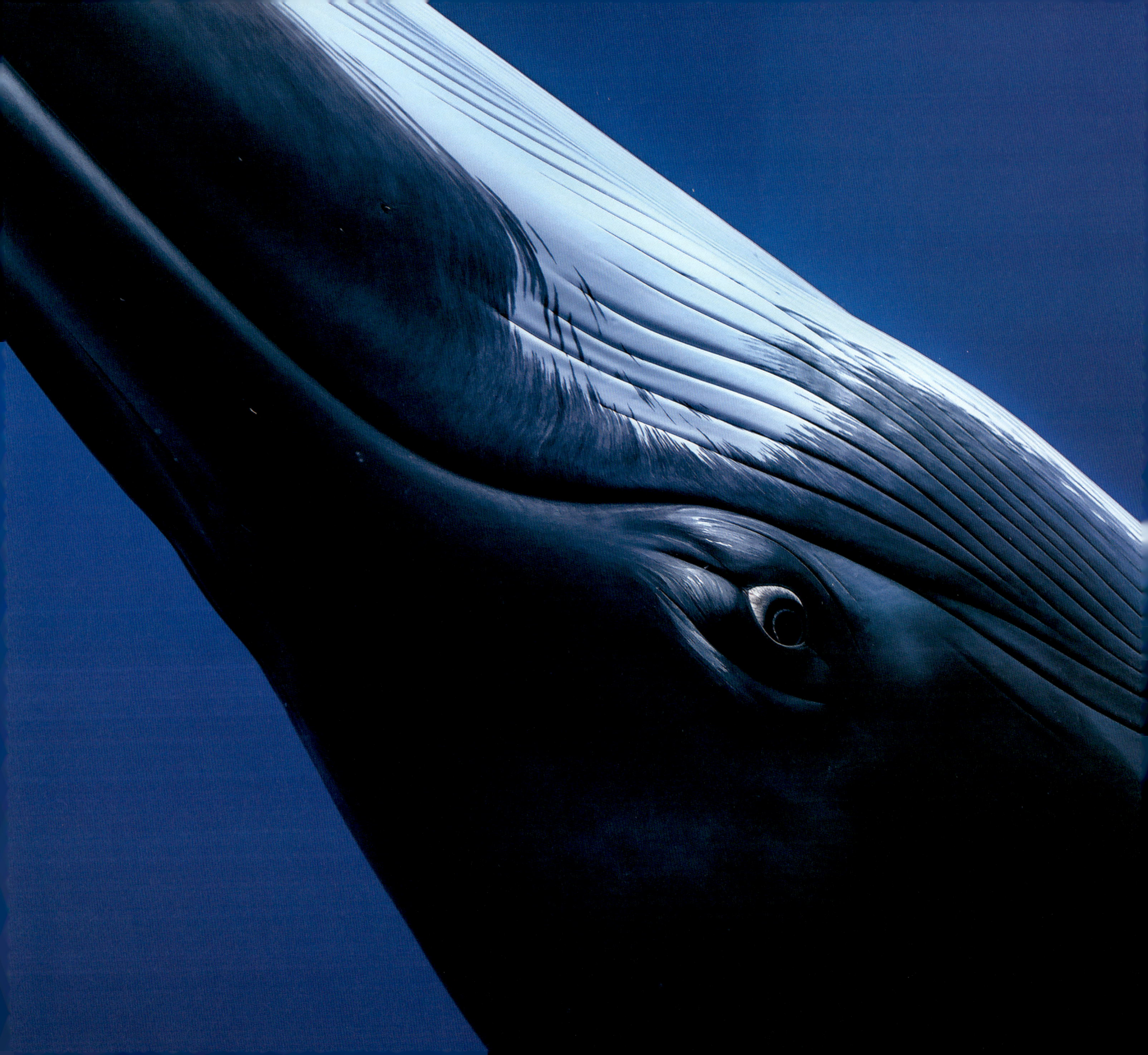

**호기심 가득한 난쟁이밍크고래의 작은 눈**

고래는 보통 메아리의 음파를 분석해 위치를 파악하는 반향정위(反響定位) 능력을 바탕으로 먹잇감을 찾거나 동료들과 대화를 나눈다. 호주 그레이트배리어리프의 바다에서 사진기를 바라보고 있는 이 난쟁이밍크고래도 그렇다. 녀석 또한 호기심 가득한 눈빛과는 달리 눈보다는 '귀로' 더 많이 본다. © Jürgen Freund / naturepl.com,, Dwarf Minke Whale,, Great Barrier Reef, Australia

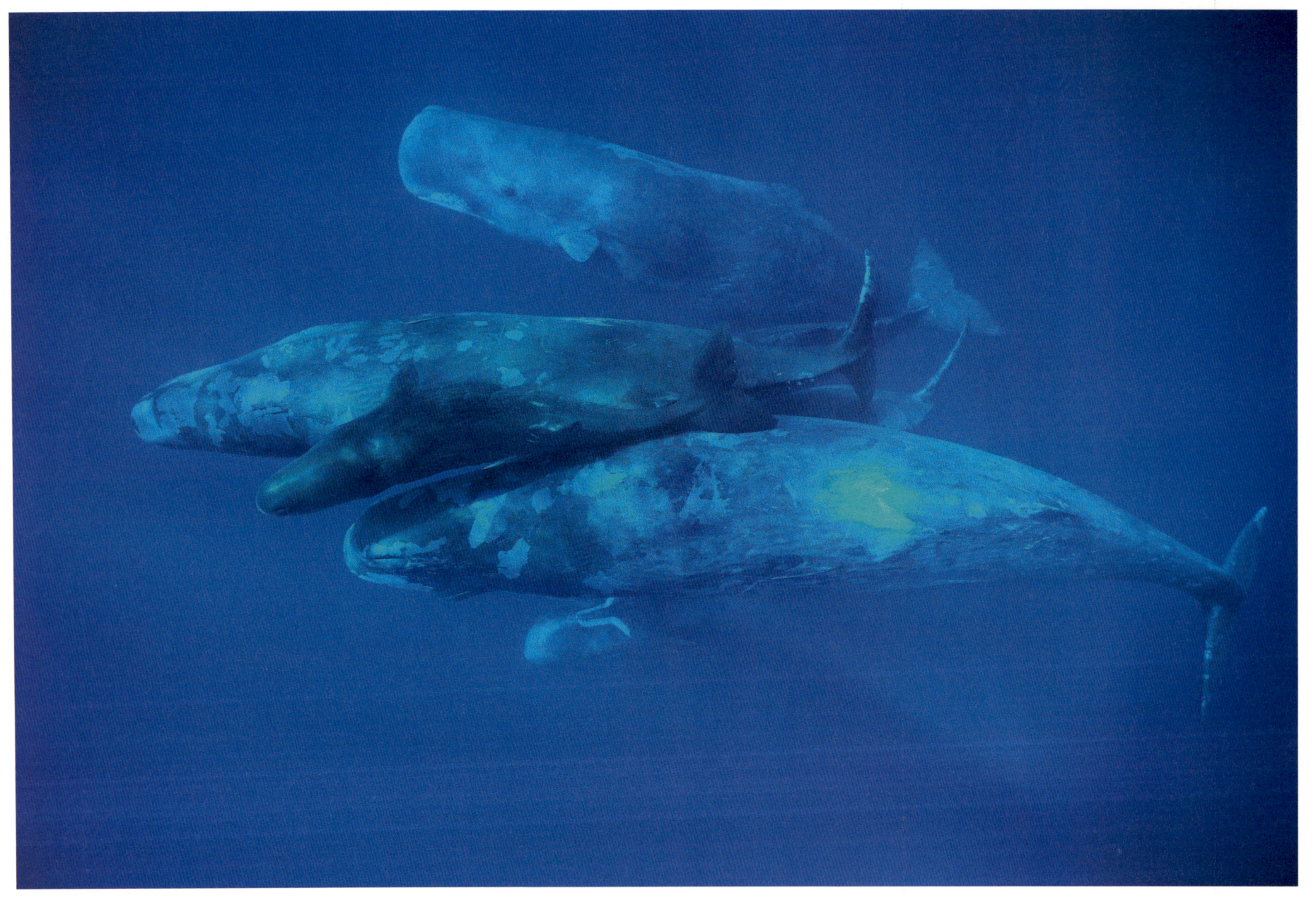

**친교 활동에 나선 향유고래들**

한 무리의 향유고래들이 친교(親交) 활동을 위해 서로 몸을 비비며 시간을 보내고 있다. 향유고래들은 보통 다수의 암컷과 어린 새끼들이 무리를 이뤄 생활하는데, 하루 중 1/4 정도의 시간을 이와 같은 친교 활동을 위해 사용한다. 물론 나머지 3/4의 시간은 대왕오징어나 문어처럼 좋아하는 먹잇감을 사냥하면서 보낸다. © Doug Perrine / naturepl.com,, Sperm Whale,, North Atlantic

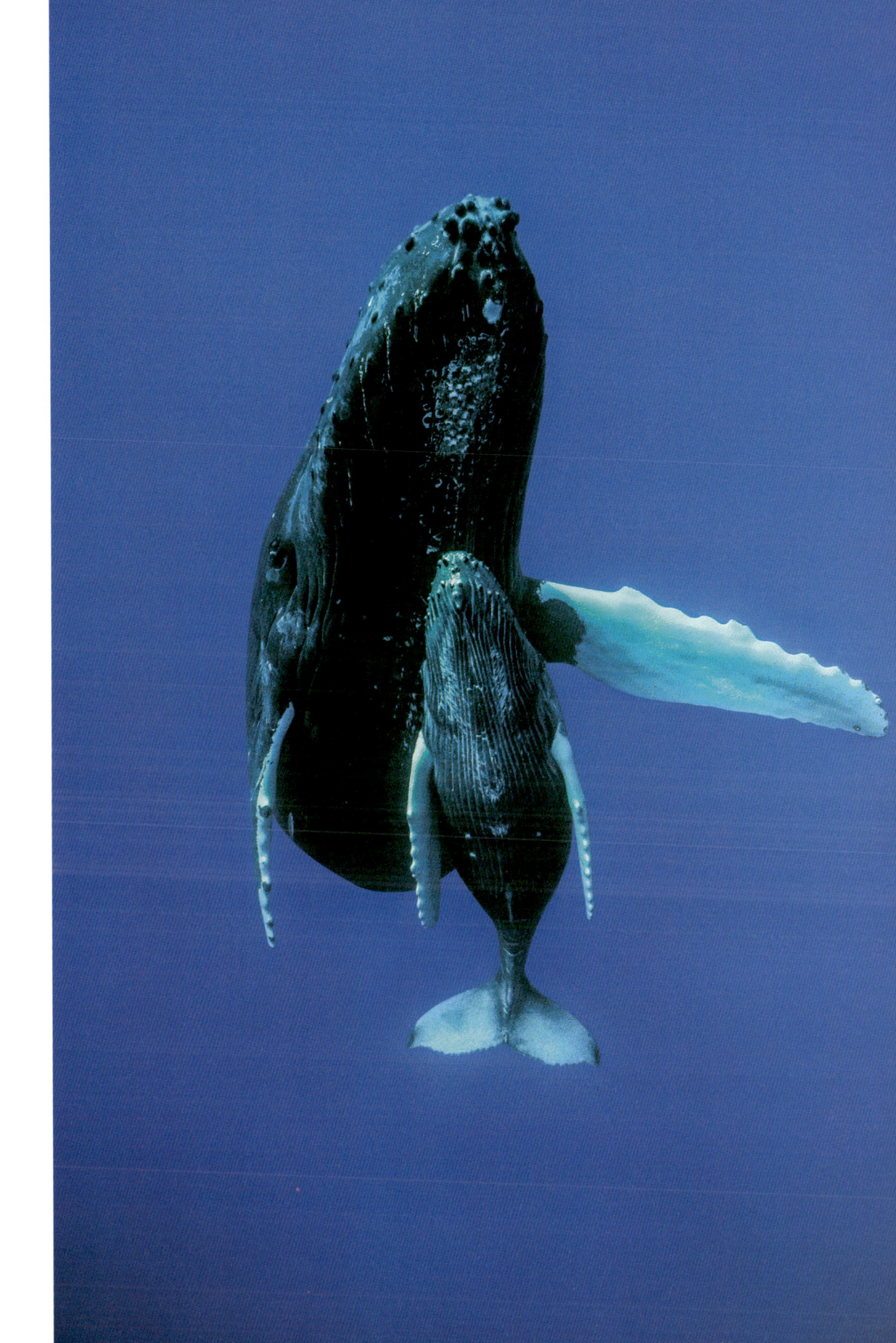

**새끼를 돌보는 어미 혹등고래의 자세**
새끼를 품에 안는 기쁨은 예외가 없는 것일까? 하와
이 마우이 섬의 바다에서 어미 혹등고래가 지느러미
발을 뻗어 새끼를 다정하게 품는 듯한 자세를 취하
고 있다. '일생에서 가장 안온한 때'라는 것을 아는지
모르는지, 어미 품속의 새끼 또한 마냥 즐거운 시간
을 보내고 있다. © Flip Nicklin / Minden Pictures,,
Humpback Whale,, Hawaii, United States

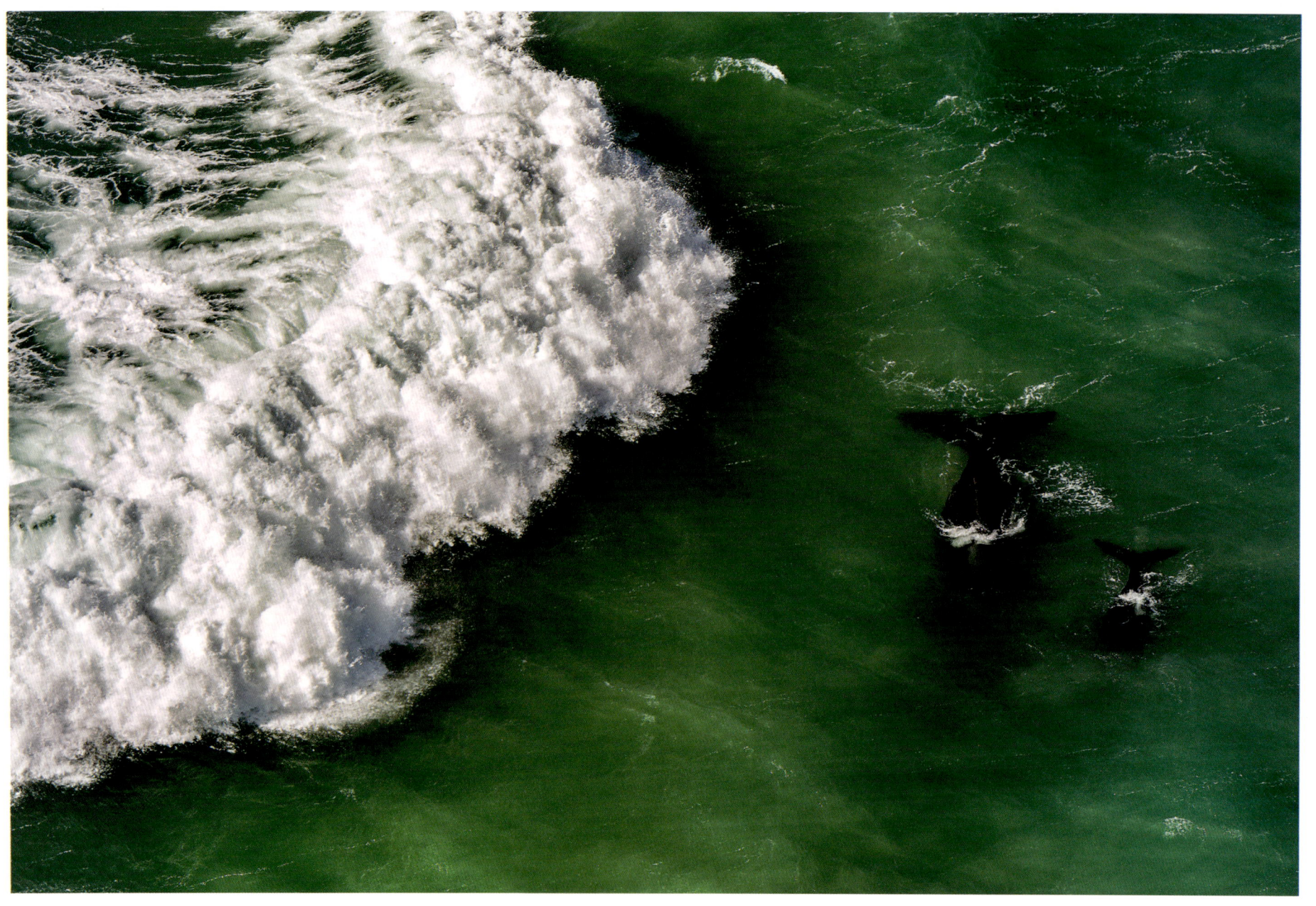

**유유자적 헤엄치는 남방긴수염고래의 슬픔**

남아프리카공화국의 드후프 해양보호구역에서 남방긴수염고래가 유유자적(悠悠自適)—, 느리게 헤엄치고 있다. 몸집이 최대 70톤에 이를 만큼 큰 남방긴수염고래는 속도가 느리고 해안까지 접근하는 경우도 많아, 포경업자들이 좋아하는 포획 대상이 되어 왔다. '라이트(Right)'라는 녀석의 영문 명칭은 포획하기에 '알맞은(Right)' 고래라는 의미를 담고 있다. © Peter Chadwick / Wildlife Exhibition Korea,, Southern Right Whale,, De Hoop Marine Protected Area, South Africa

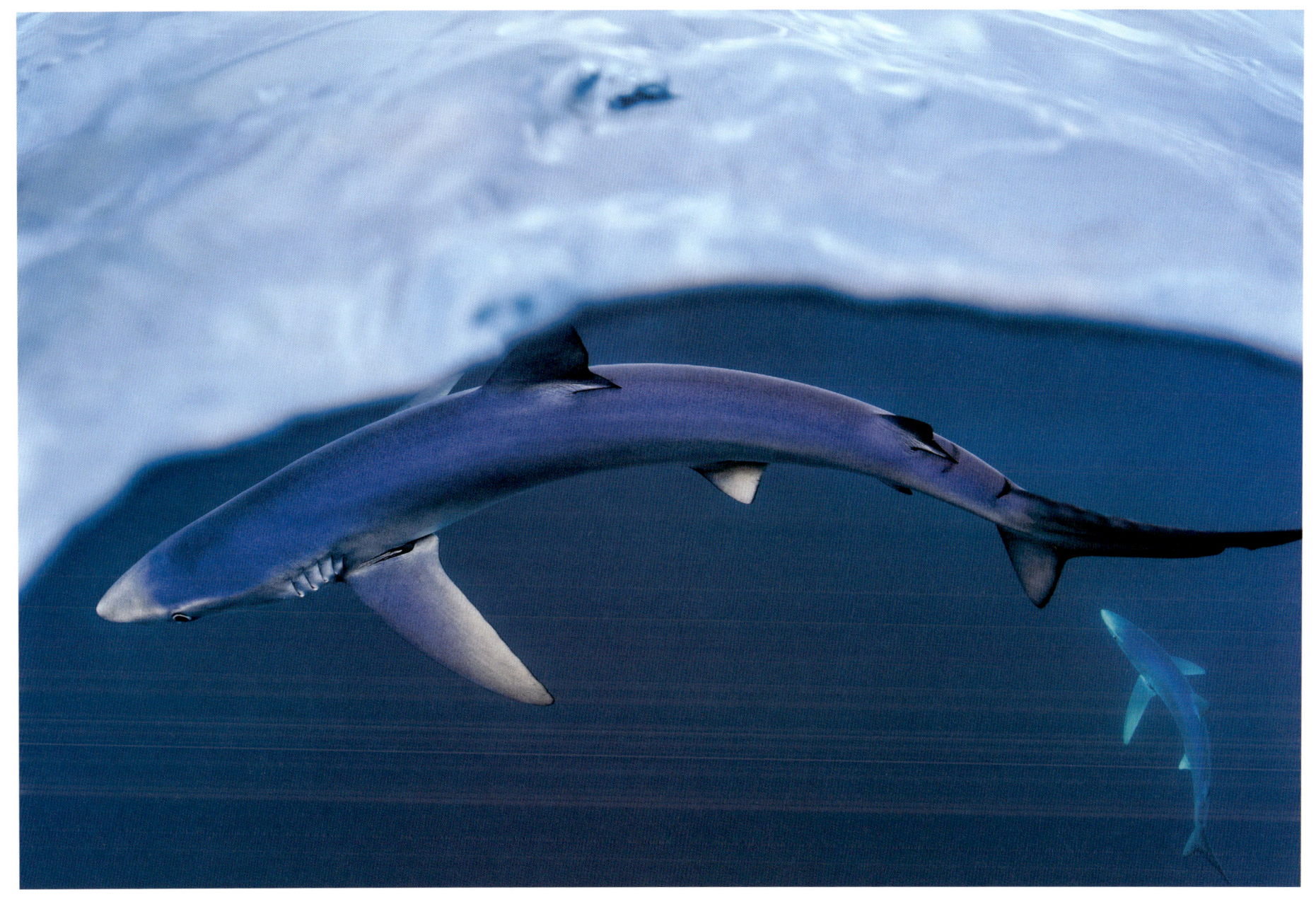

### 날렵한 몸매를 가진 청새리상어

우아한 청새리상어 한 쌍이 인디고블루의 몸을 'S자' 모양으로 구부리고 헤엄치고 있다. 날렵한 유선형 몸매를 가진 녀석들은 꼬리지느러미를 좌우로 흔들어 추진력을 얻는데 꼬리를 많이 구부릴수록 더 빠르게 헤엄칠 수 있다. 작은 물고기와 오징어 등을 잡아먹는 녀석들은 먹잇감을 만나면 곧바로 공격하지 않고 먼저 원 모양을 그리며 돈다. © Alex Mustard / naturepl.com,, Blue Shark,, English Channel, Atlantic Ocean, August

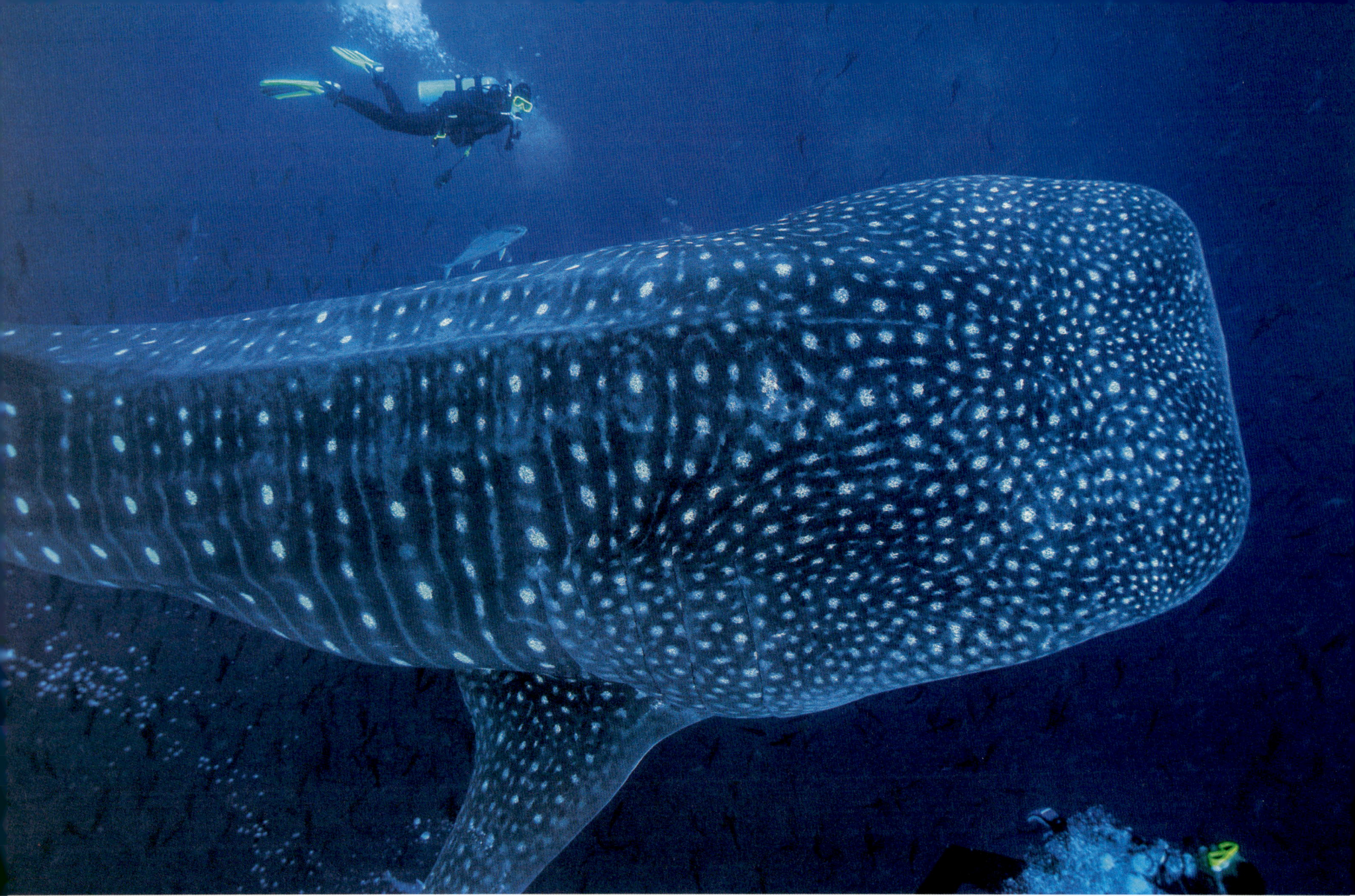

## 웬만한 고래보다 몸집이 큰 고래상어

고래상어는 아가미로 숨을 쉬는 물고기다. 하지만 웬만한 고래보다도 몸집이 크다. 몸길이는 버스만 하고 몸무게는 20톤 이상 나갈 만큼 무겁다. 입 크기만 해도 소형차 한 대는 어렵지 않게 들락거릴 수 있을 정도다. 사진은 갈라파고스 제도의 바다에서 잠수부들과 함께 헤엄치는 고래상어의 모습이다. © Brandon Cole / naturepl.com,, Whale Shark,, Galapagos Islands, Pacific Ocean

## 예민한 감각을 갖춘 카리브산호상어

등골이 오싹한 공포영화의 절정 장면이라도 이보다 더 으스스하기는 힘들 것이다. 바하마 제도의 바다에서 카리브산호상어가 노랑꼬리물통돔 무리 사이로 헤엄치고 있다. 예민한 후각과 섬세한 촉각에 전기 진동 감지 능력까지 갖춘 카리브산호상어는 톱니 모양의 이빨을 이용해 먹잇감을 잡아먹는다. © Jeff Rotman / naturepl.com,, Caribbean Reef Shark, Yellowtail Snapper,, the Bahamas, Caribbean Sea

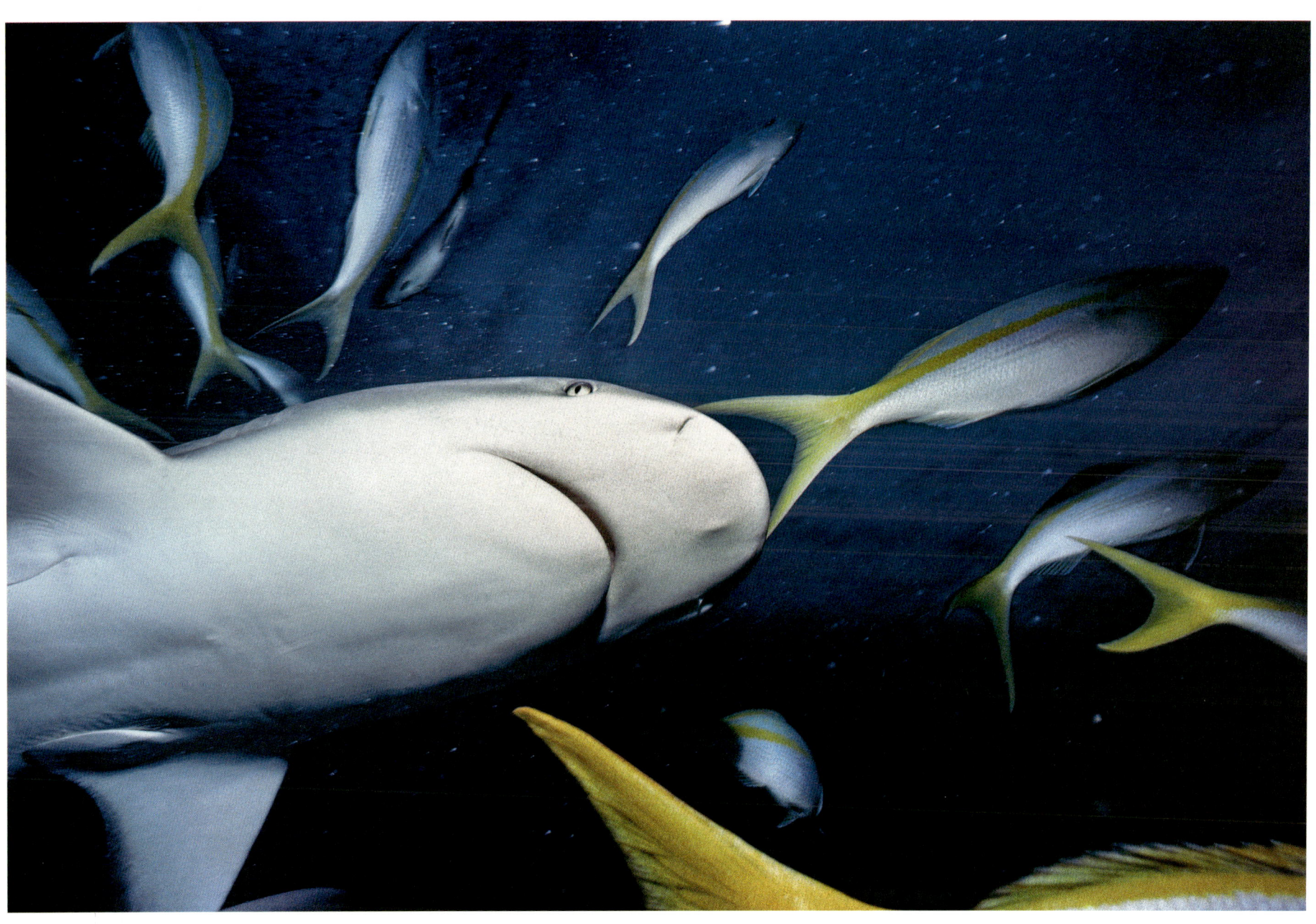

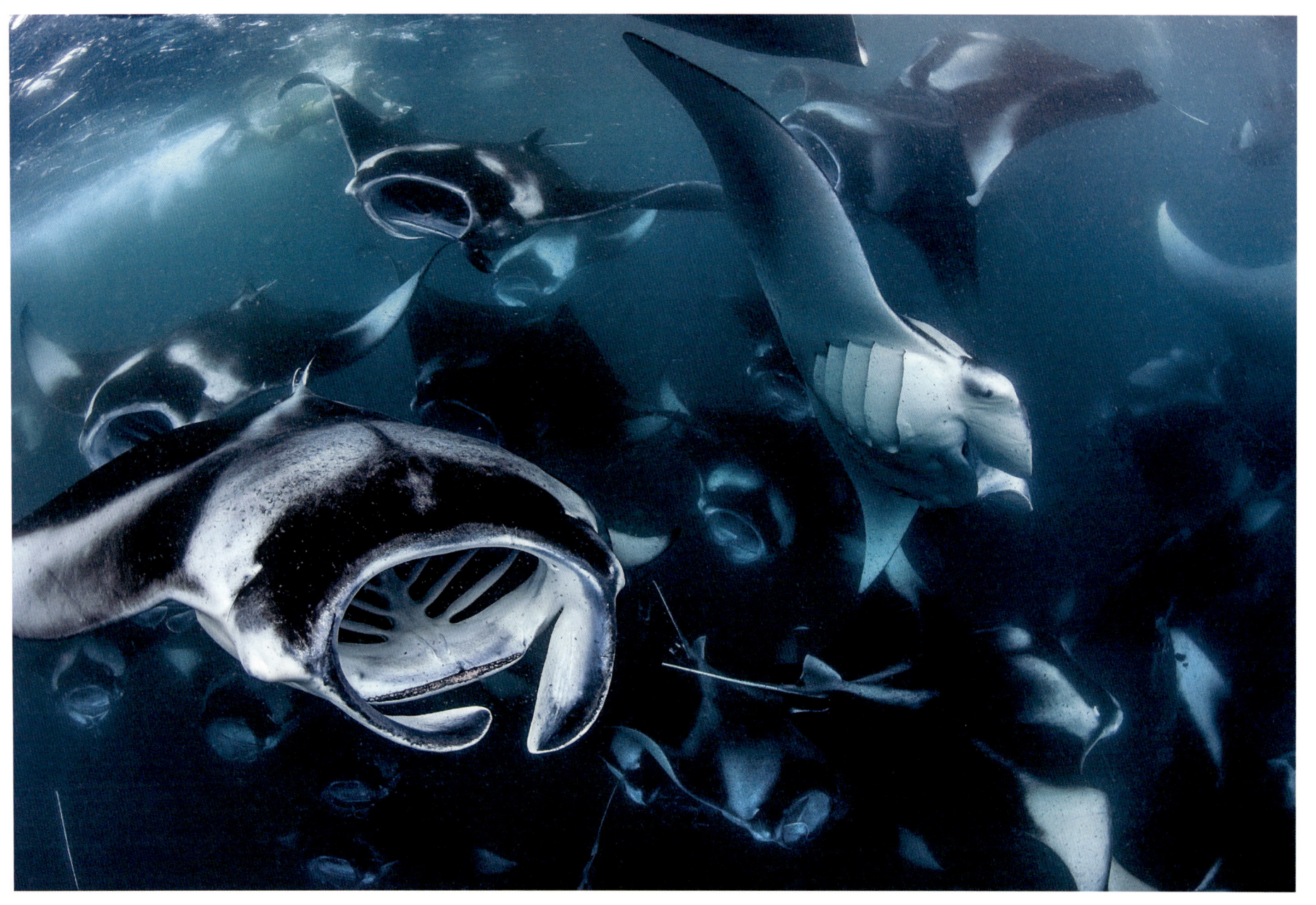

### 플랑크톤을 잡아먹는 쥐가오리 떼

'악마의 물고기'라는 명성이 거짓이 아니었던 것일까? 몰디브 제도의 하니파루 만으로 사람의 갈빗대를 하나씩 삼킨 듯한 쥐가오리 떼가 몰려들고 있다. 하지만 녀석들은 단지 밀물과 몬순해류가 부딪히면서 끌어 올린 열대 플랑크톤을 잡아먹으러 나타난 것일 뿐이다. 갈빗대처럼 생긴 것은 아가미인데, 녀석들은 입을 크게 벌려 바닷물을 빨아들인 후 이 아가미 사이의 해면 조직으로 플랑크톤을 걸러 먹는다. © Doug Perrine / naturepl.com,, Reef Manta Ray,, Hanifaru Bay, Maldives, Indian Ocean, October

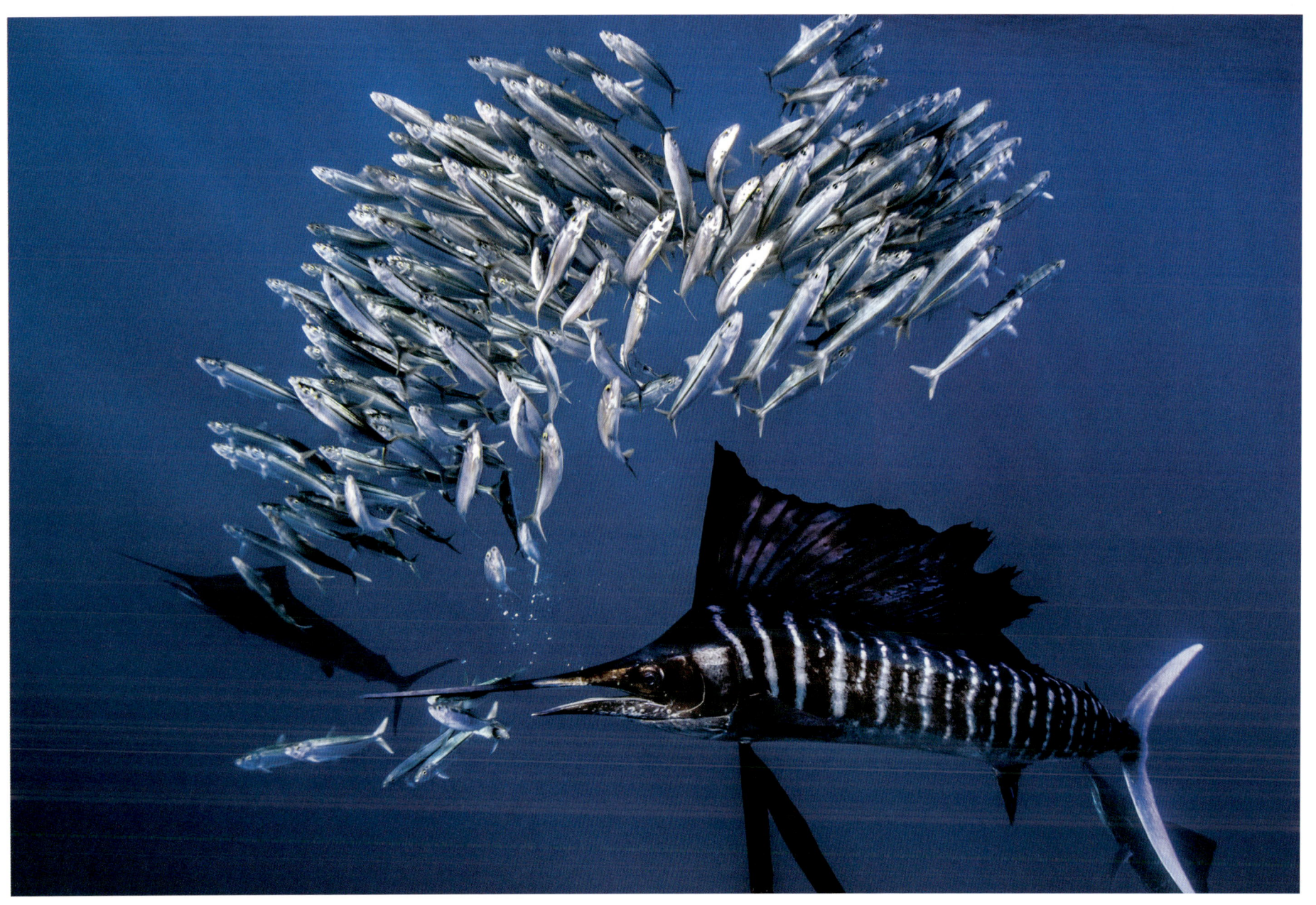

## 정어리 포식에 나선 돛새치

정어리들이 뭉친 것이 아니고 돛새치들이 뭉치도록 한 것이다. 멕시코 무헤레스 섬 앞바
다의 돛새치들은 여러 마리가 힘을 합쳐 정어리 사냥에 나서는데, 휘황찬란한 몸과 큼직
한 지느러미로 정어리 떼를 위협해 정어리들이 둥글게 뭉치도록 압박한다. 좀더 쉽게 잡
아먹기 위해서이다. 정어리 떼를 둥글게 뭉치도록 하는데 성공한 돛새치들은 한 마리씩
차례로 나서 정어리를 잡아먹는다. © Pete Oxford / Minden Pictures,, Atlantic Sailfish,
Round Sardinella,, Isla Mujeres, Mexico

**입 속에 알을 품은 금줄얼게비늘**

솔로몬 제도의 바다에서 수컷 금줄얼게비늘이 입 안 가득 알을 물고 새끼를 부화시키고 있다. '구중부화(口中孵化)'라고 일컫는 이 방법 덕분에 녀석은 새끼들의 번식률을 획기적으로 높일 수 있다. 그런데 이렇게 알을 입에 물고 있으면 식사는 어떻게 할까? 녀석들은 알을 입에 물고 있는 동안 아무것도 먹지 않는다. © Chris Newbert / Minden Pictures,, Yellow-striped Cardinalfish,, Solomon Islands

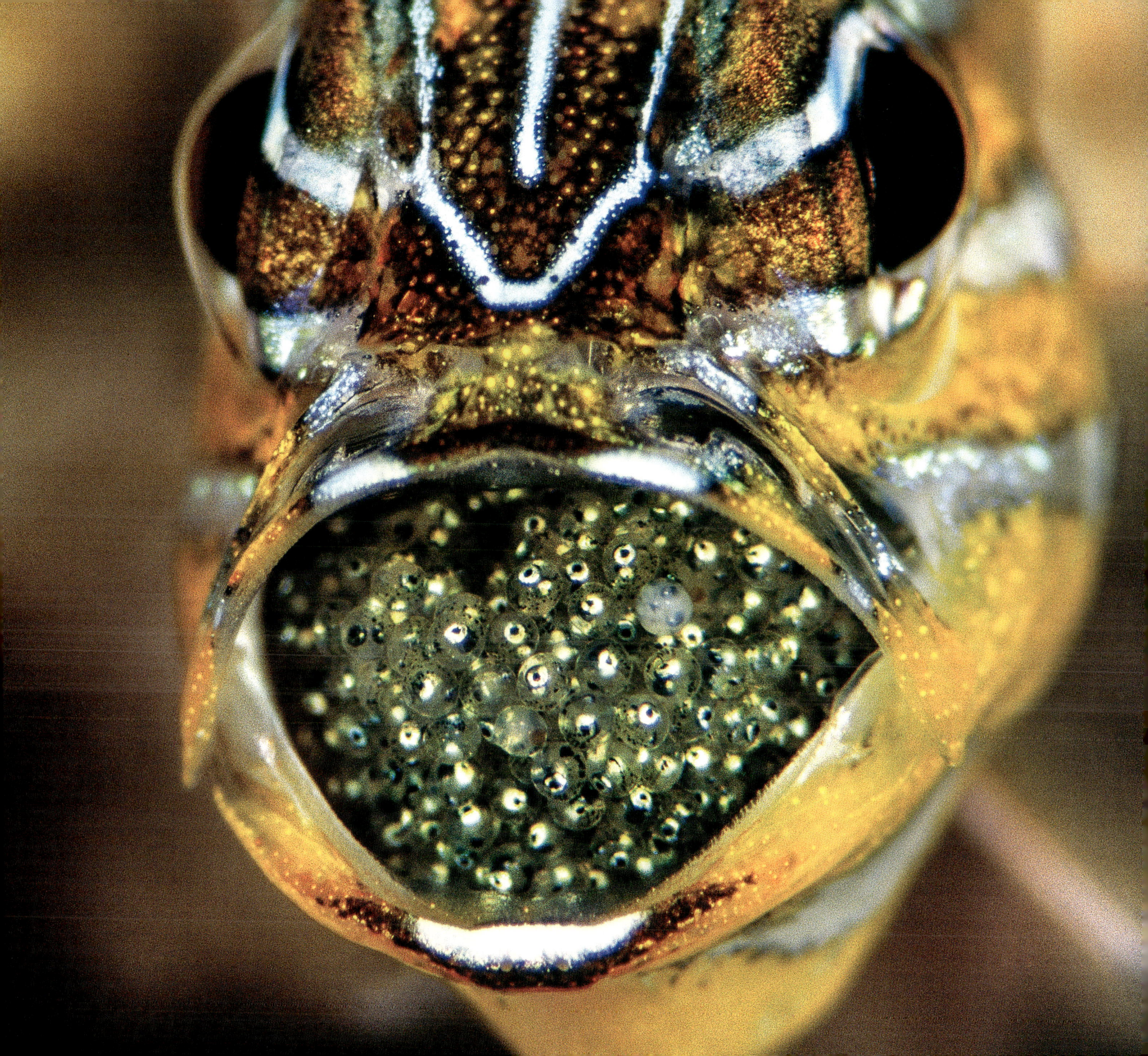

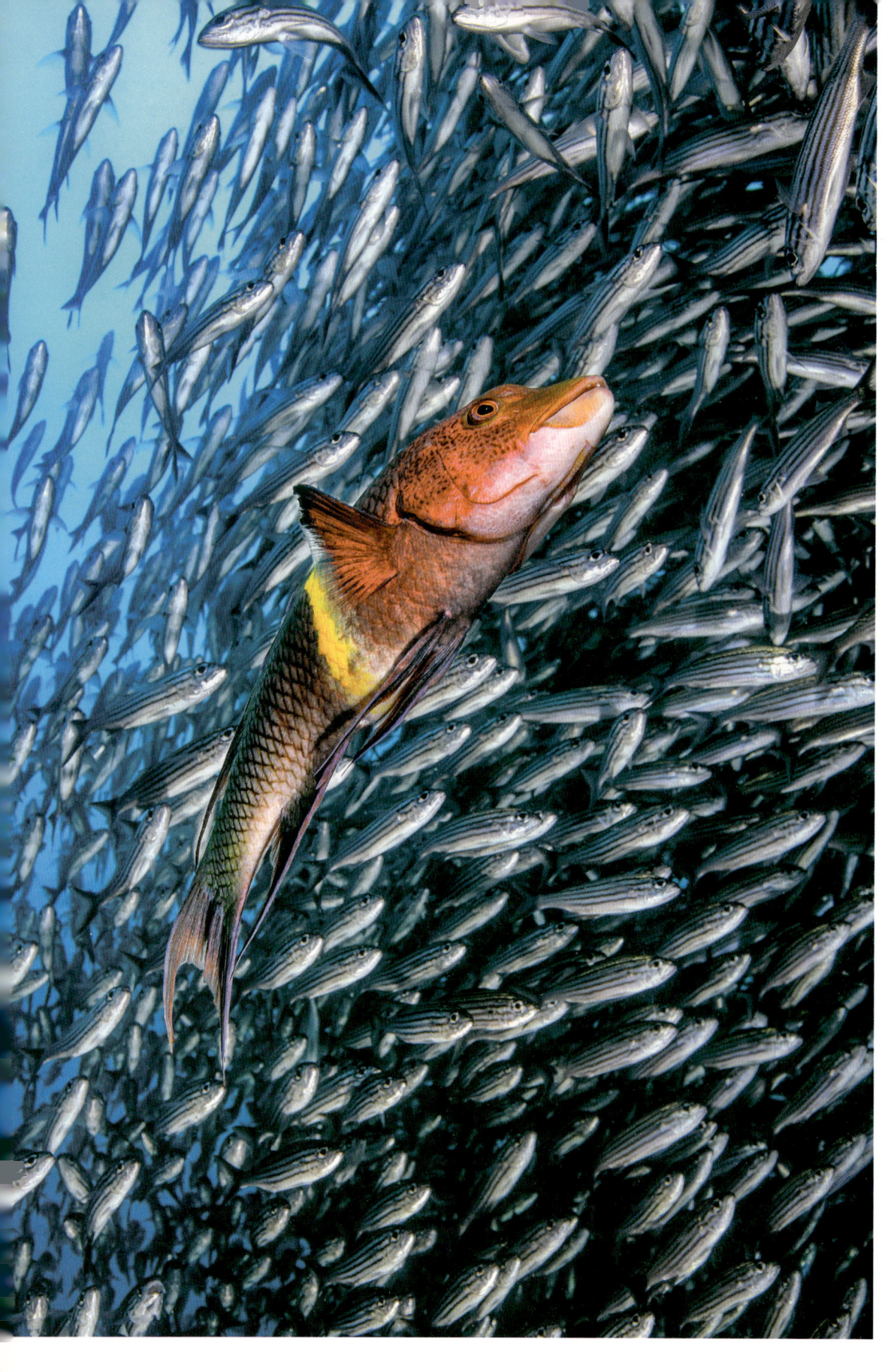

**멕시코놀래기와 검은줄벤자리의 만남**

갈라파고스 제도의 바다 밑에서 멕시코놀래기 한 마리와 검은줄벤자리 떼가 만났다. 서로를 힐끗거리는 것이 포식자는 아닐까 걱정스러워 하는 것 같다. 하지만 걱정할 필요는 없다. 멕시코놀래기는 게, 불가사리, 연체동물 따위를 즐겨 먹고 검은줄벤자리는 갑각류, 무척추 동물 따위를 좋아한다. © Brandon Cole / naturepl.com,, Mexican Hogfish, Black Striped Salema,, Galapagos Islands, Pacific Ocean

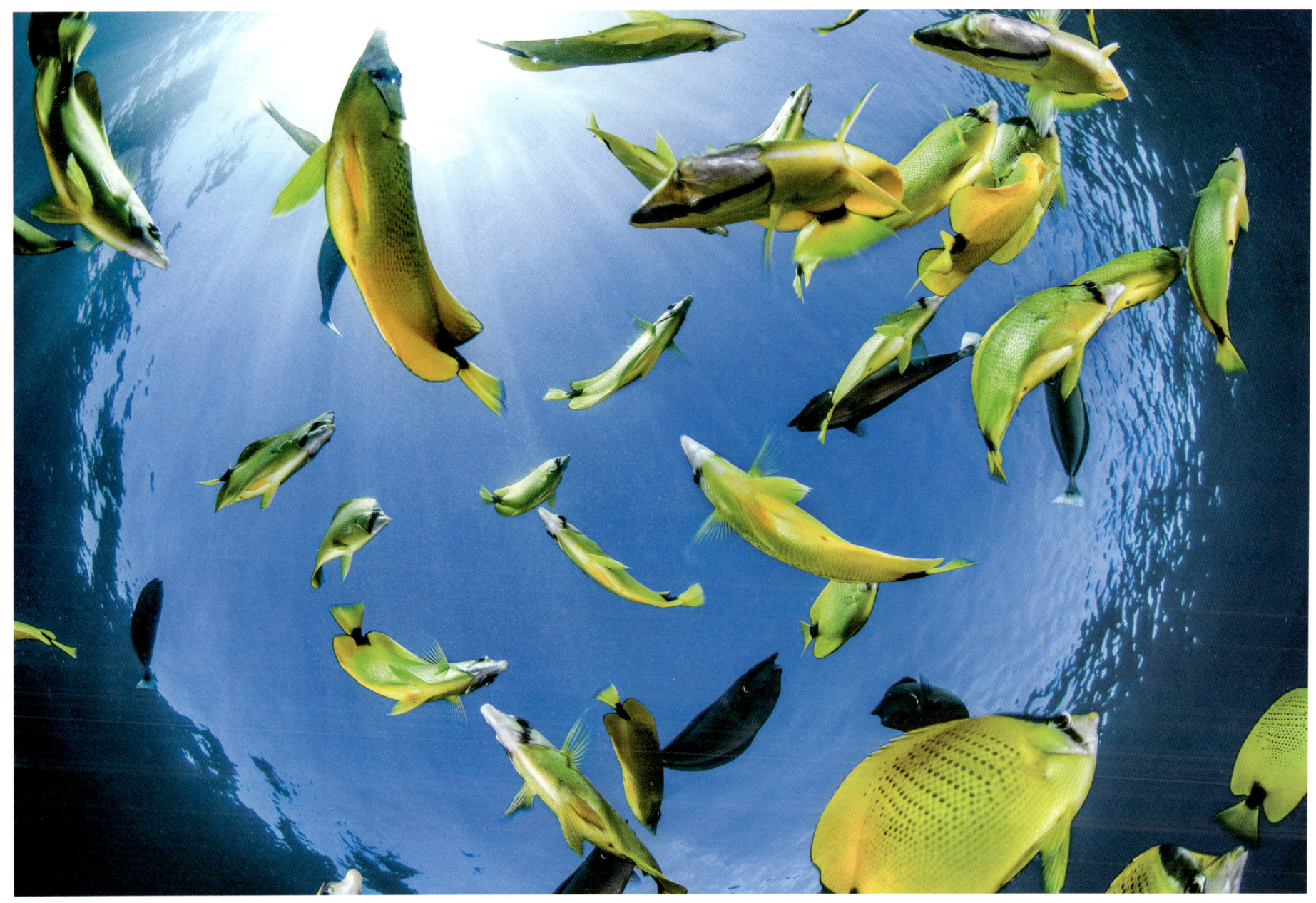

**나비처럼 나풀거리는 레몬나비고기 무리**

녀석들 또한 번데기 껍질에서 나와 나풀나풀 날아오르는 것이 틀림없다. 한 무리의 레몬
나비고기가 하와이 마우이 섬의 바닷물 속에서 헤엄쳐 다니고 있다. 산호초와 암초 지대
에 서식하며 동물성 플랑크톤을 먹고 살아가는 녀석들은, 때로는 수심 250미터까지 내려
가 바다 밑바닥의 무척추 동물을 잡아먹기도 한다. © David Fleetham / naturepl.com,,
Lemon Butterflyfish,, Hawaii, United States

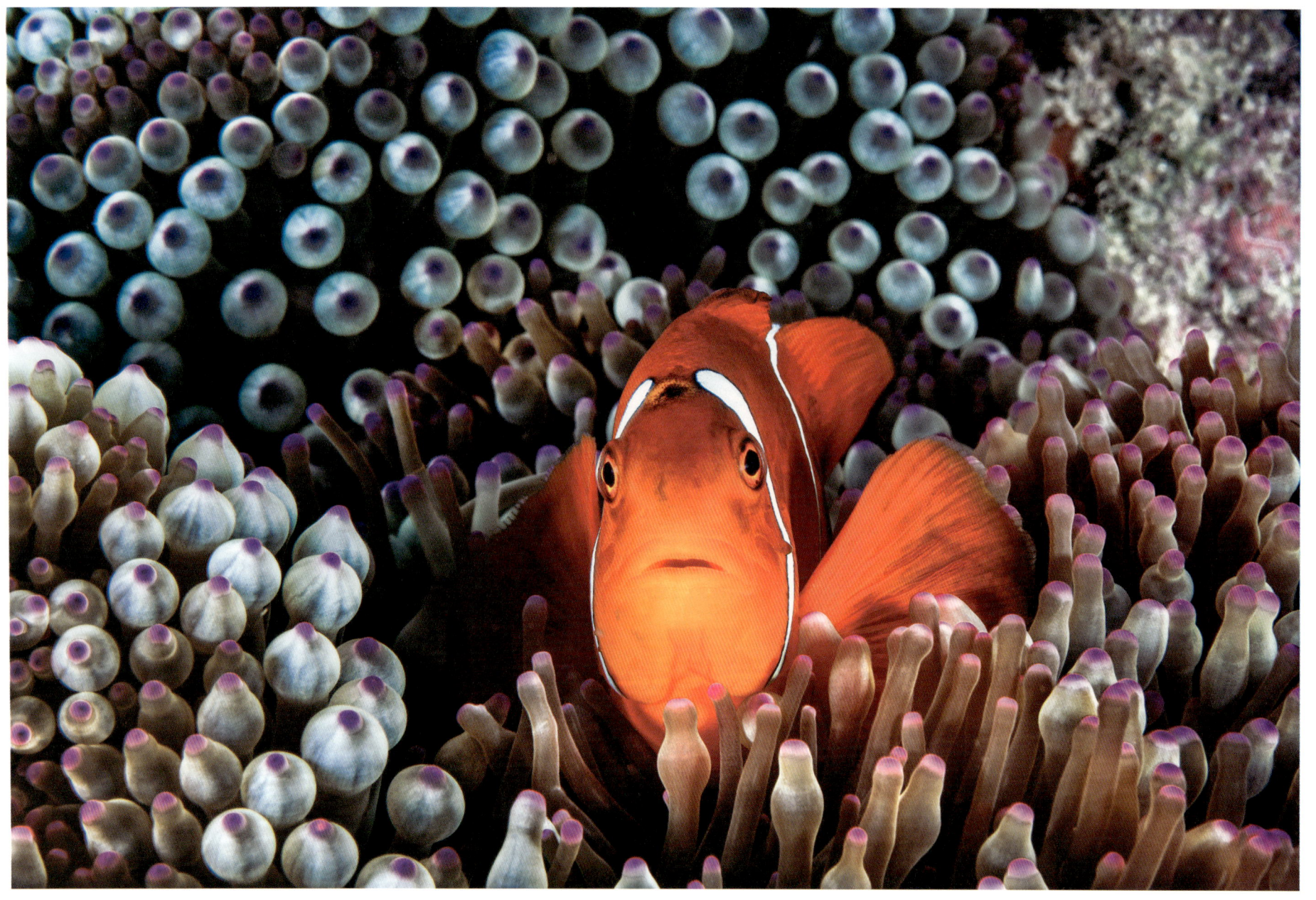

**서로 돕는 흰동가리와 말미잘**

호주 그레이트배리어리프의 산호초 세계는 냉혹한 자연의 법칙이 지배하는 곳이다. 하지만 흰동가리와 말미잘만큼은 환난상휼(患難相恤)―, 따스한 이웃의 정을 나누며 살아간다. 말미잘의 촉수가 흰동가리를 노리는 그루퍼나 곰치의 접근을 막아주면, 흰동가리 또한 말미잘을 먹는 나비고기를 쫓아낸다. © David Doubilet / gettyimages/멀티비즈,,
Clownfish, Bubble-tipped Anemone,, Cairns, Queensland, Australia

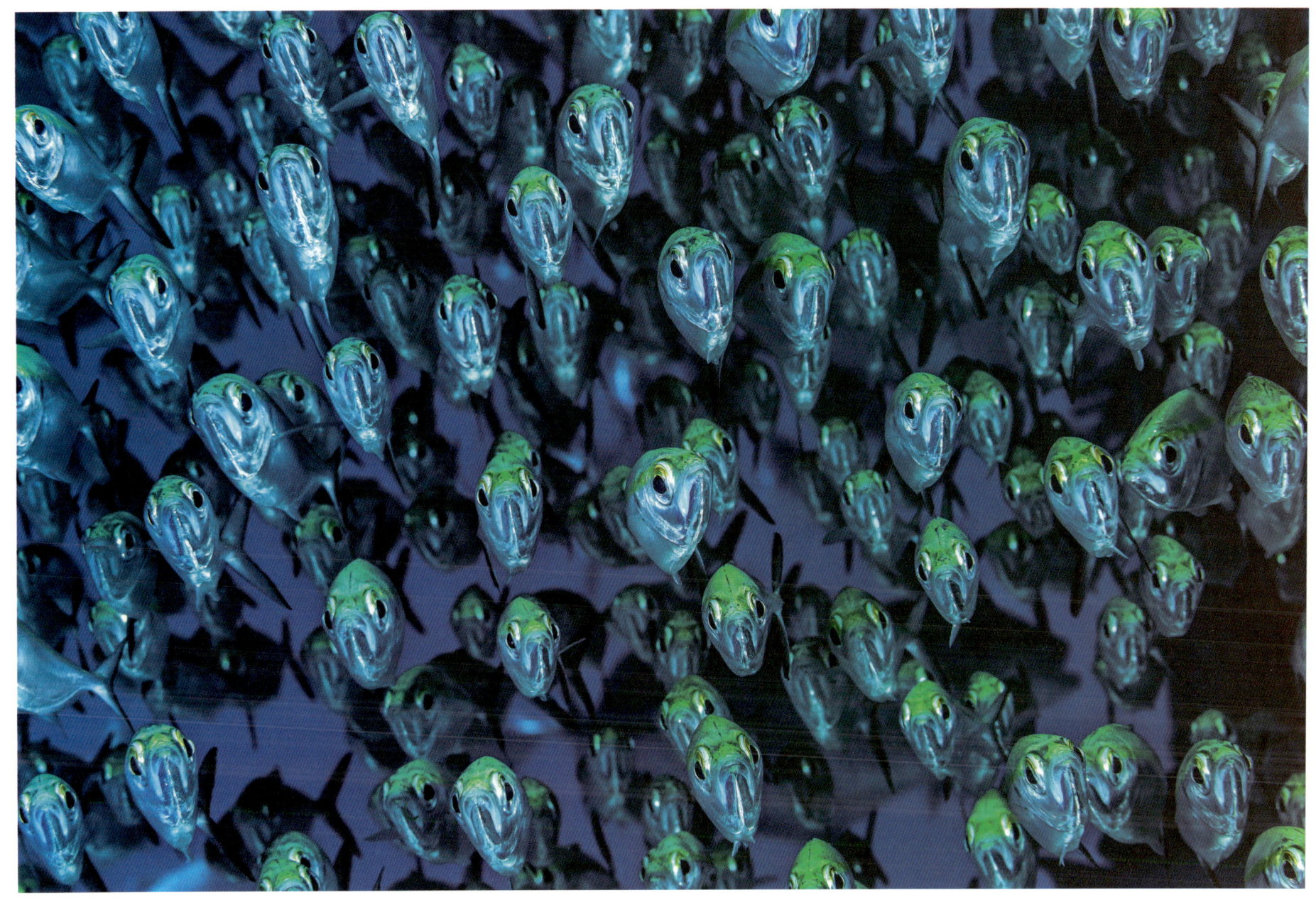

**노랑줄전갱이들의 일사불란한 움직임**

라자암팟 제도의 바다 밑에서 노랑줄전갱이들이 일사불란(一絲不亂)—, 사진기를 바라보고 있다. 녀석들이 이처럼 일제히 한 곳을 바라볼 수 있는 것은 옆줄을 통해 동료들의 움직임과 물의 흐름을 재빨리 감지할 수 있기 때문이다. 녀석들은 예쁘장한 이미지와는 달리 작은 물고기와 갑각류를 잡아먹는 육식 물고기이다. © Jürgen Freund / naturepl.com,,
Yellowstripe Scad,, Raja Ampat, Indonesia

# 야생의 영장류들
# WILD PRIMATES

나에게 촬영할 야생동물 종에 대한 지식은 매우 중요하다.
그래서 나는 현장으로 나가기 전에 해당 야생동물 종의 행동 습관을
공부하기 위해 많은 시간을 보낸다. 일단 현장에 나간 후에도 아주
느리고 신중하게 녀석들에게 접근한다. 단 한 컷의 사진을 촬영하기
위해 나는 종종 몇 시간씩 그저 지켜보기만 할 때도 있다.

피터 채드윅(Peter Chadwick) ; 남아프리카공화국의 야생동물 사진가

다른 포유류 종에 비해 훨씬 크고 주름도 복잡한 뇌(腦)를 가지고 있다. 그만큼 영리하고 '느낌과 생각' 또한 잘 발달해 있다. 또한 뛰어난 시각 능력과 꼼꼼하고 섬세한 손재주를 가지고 있다. 덕분에 나뭇가지가 많은 숲속에서도 민첩하게 움직일 수 있다. 사람처럼 꼬리가 없는 유인원(類人猿) 무리와 꼬리가 있는 원숭이 무리로 구분한다. 사람과 가장 비슷한 침팬지와 보노보, 영장류 중 몸집이 가장 큰 고릴라, 나무타기의 명수 오랑우탄 등은 유인원이다. 일본원숭이, 검둥이원숭이, 황금들창코원숭이 등은 말할 것도 없이 원숭이이다.

거울 속 자신의 모습을 자신으로 인식할 수 있는 종도 있다.

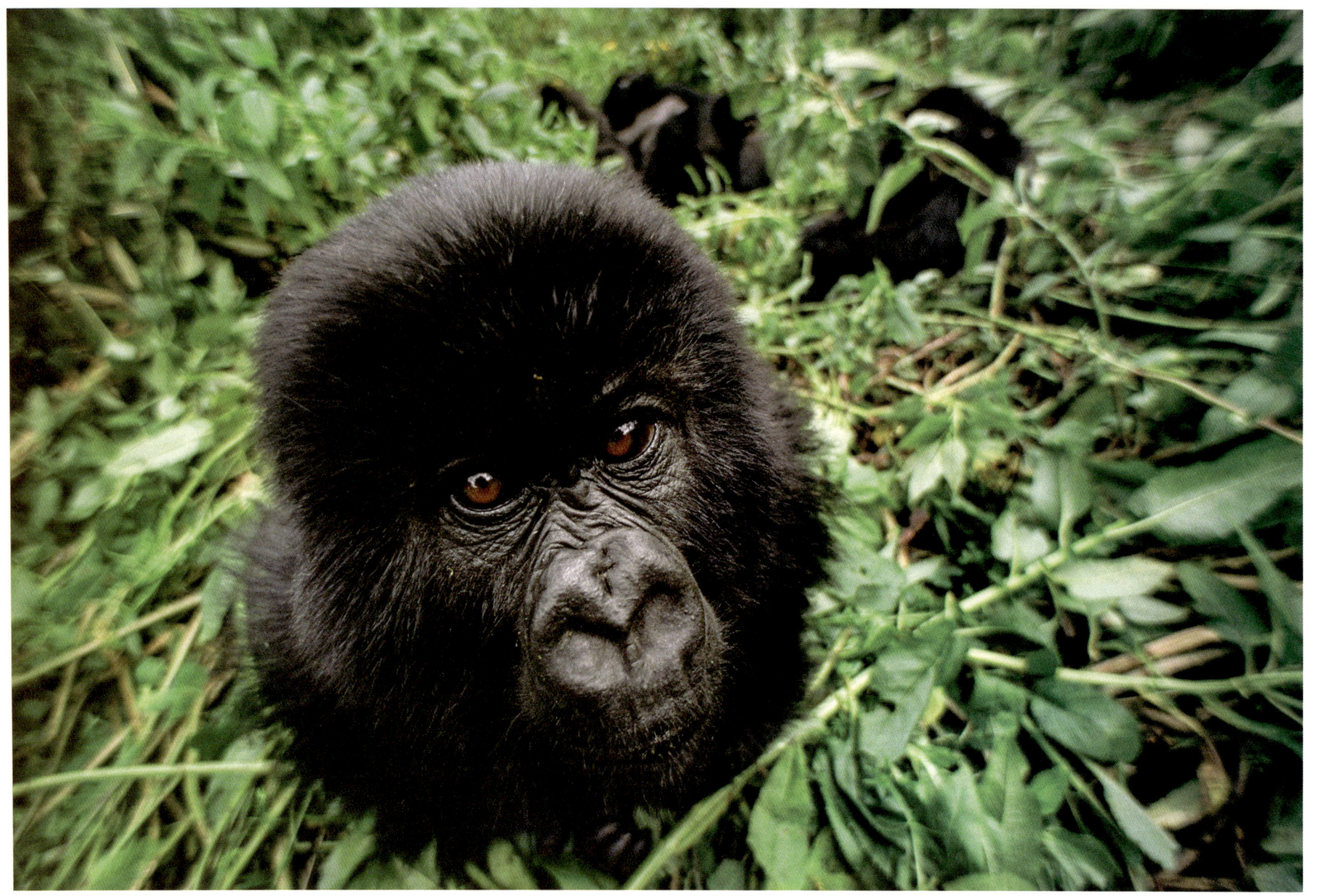

### 덩덕새머리의 새끼 마운틴고릴라

삐죽삐죽 솟아오른 덩덕새머리가 특징인 새끼 마운틴고릴라가 신기한 듯 사진기를 바라
보고 있다. 녀석은 6~8살이 될 때까지는 무리 내에서 어린 새끼로 보호받을 수 있지만 그
후에는 무리의 일원으로서 필요한 역할과 행동을 해야 한다. 사진 속의 마운틴고릴라는
르완다의 비룽가 산맥에 살고 있는, 300여 마리에 불과한 마운틴고릴라 중 하나다.
© Gerry Ellis / Minden Pictures,, Mountain Gorilla,, Virunga Mountains, Rwanda

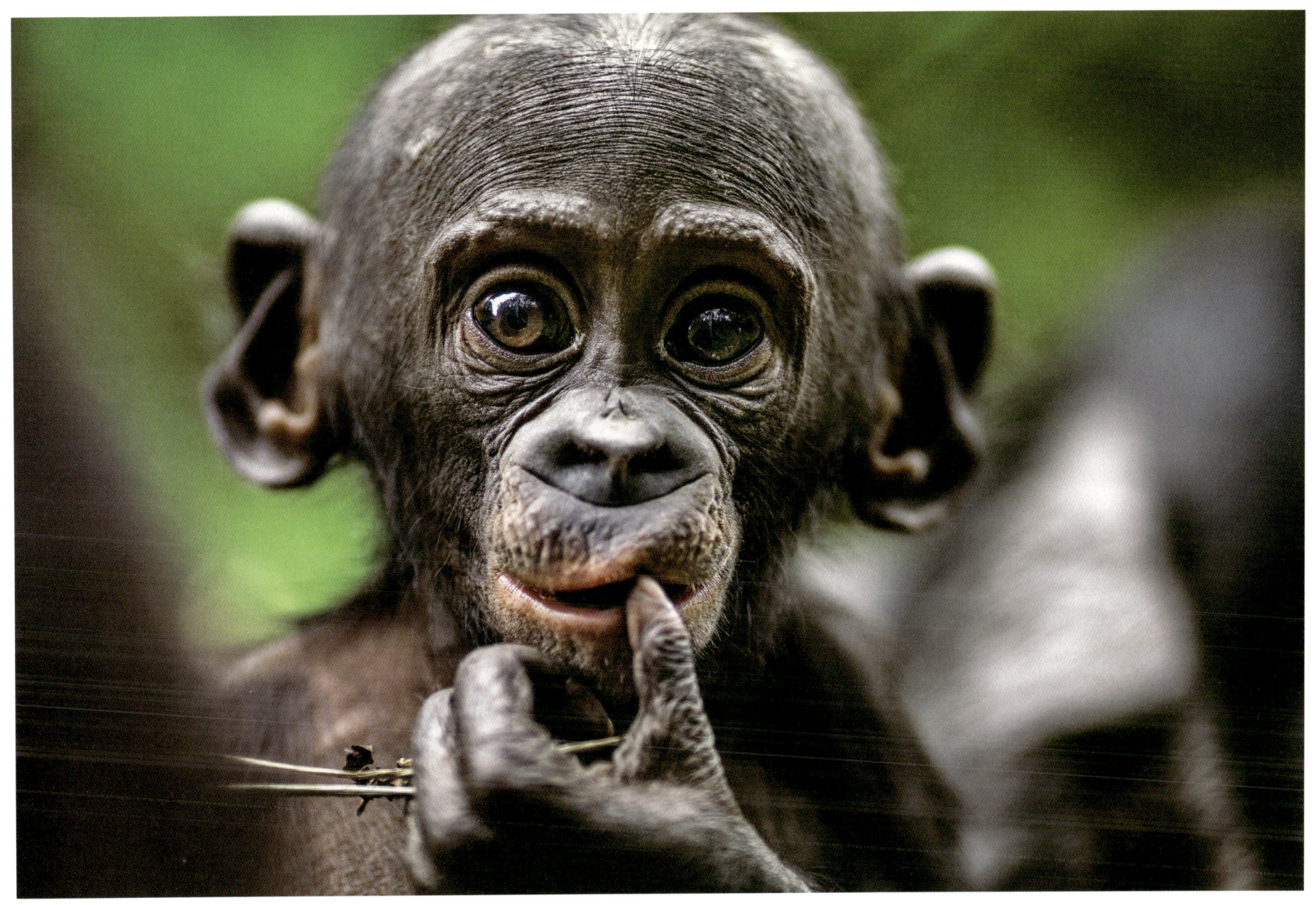

### 손가락을 입에 댄 새끼 보노보

뭔가 골똘한 생각에라도 빠져 있는 것일까? 콩고 강 좌안(左岸)의 롤라 야 보노보 보호구
역에서 생후 10개월 정도 된 보노보가 손가락을 입에 대고 있다. 보노보는 유전적으로 침
팬지의 사촌격인 유인원이다. 하지만 호전적인 침팬지와는 달리 성격이 매우 평화로운
것으로 유명하다. © Anup Shah / naturepl.com,, Bonobo,, Lola Ya Bonobo Sanctuary,
Democratic Republic of Congo, October

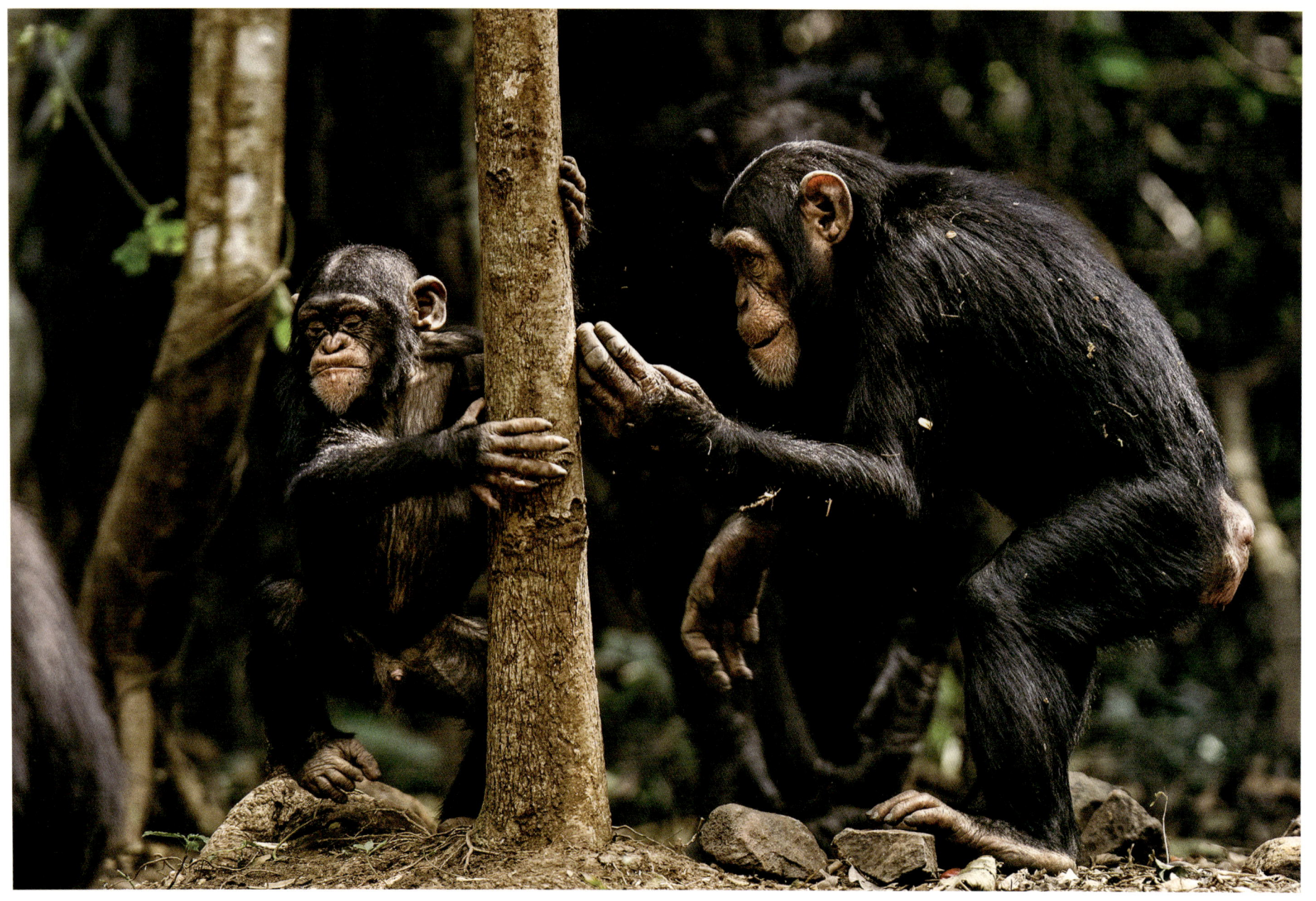

**3살 침팬지와 6살 침팬지의 놀이**

기니 님바 산의 보수 숲에서, 3살 된 수컷 침팬지가 6살 된 암컷 침팬지와 놀고 있다. 침팬
지들은 이와 같은 놀이를 통해 무리의 일원으로 살아가는 행동 방식을 익히고 지혜와 용
기를 얻는다. 침팬지 사회에서는 단지 힘만 센 녀석보다는 자기편이 많고 머리를 잘 쓰
는 녀석이 우두머리 자리를 차지할 가능성이 더 높다. © Anup Shah / naturepl.com,,
Western Chimpanzee,, Bossou Forest, Mont Nimba, Guinea, January

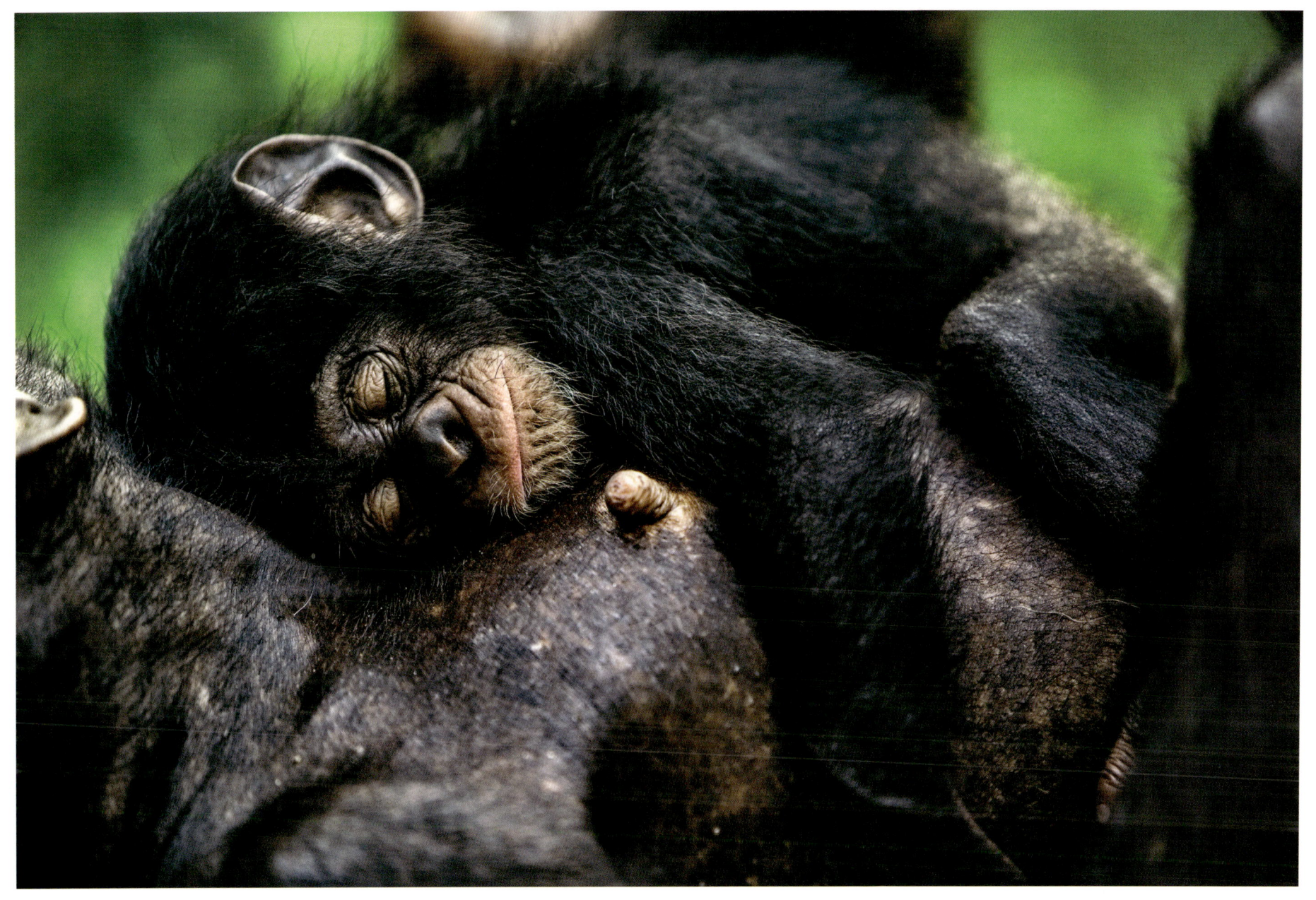

### 어미 품 속 새끼 침팬지의 웃음

동물학을 공부하는 학생들은 '의인화(擬人化)를 피하라'는 말을 자주 듣는다. 사람의 마음에 비추어 야생동물의 행동을 이해해서는 안된다는 것이다. 하지만 어미의 품에 안겨 빙그레 웃고 있는 이 새끼 침팬지의 모습을 보면 녀석을 '사람이라고' 생각하지 않을 수 없다. 침팬지들은 기쁨과 즐거움은 물론 슬픔과 분노도 느끼고 표현할 줄 안다. 사람들과 마찬가지로―. © Cyril Ruoso / Minden Pictures,, Chimpanzee,, Pandrillus Drill Sanctuary, Nigeria

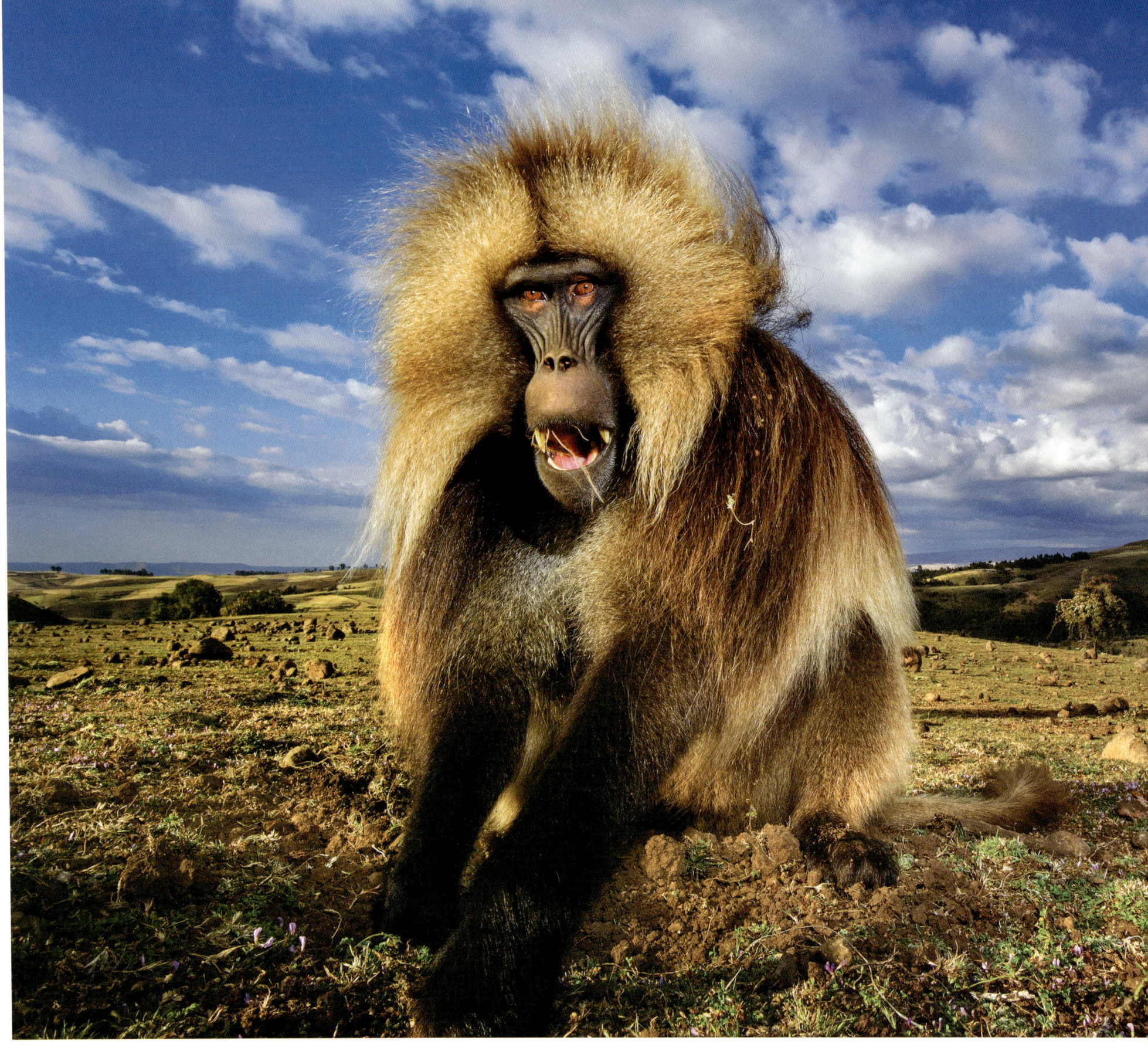

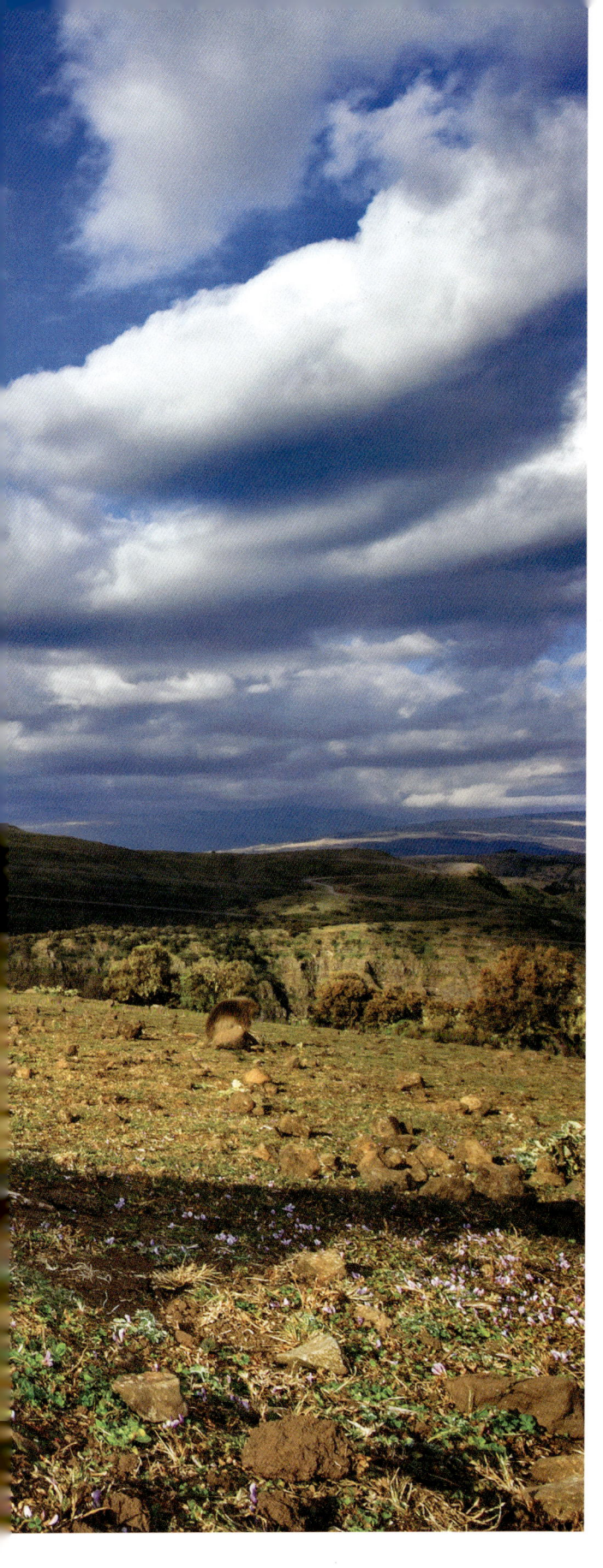

**겔라다개코원숭이의 민첩한 손놀림**

에티오피아 시미엔 산의 고원지대에서 겔라다개코원숭이가 식사를 하고 있다. 트림을 하기 위해 잠시 멈출 때를 제외하고는 녀석은 아주 민첩한 손놀림으로 풀을 뜯어 입으로 가져간다. 개코원숭이들은 영장류들 중에서는 예외적으로 숲 이외의 지역에서 살아가는 법을 터득한 무리이다. 사람들과 마찬가지로—. © Greg du Toit / Wildlife Exhibition Korea,, Gelada Baboon,, Simien Mountains, Ethiopia

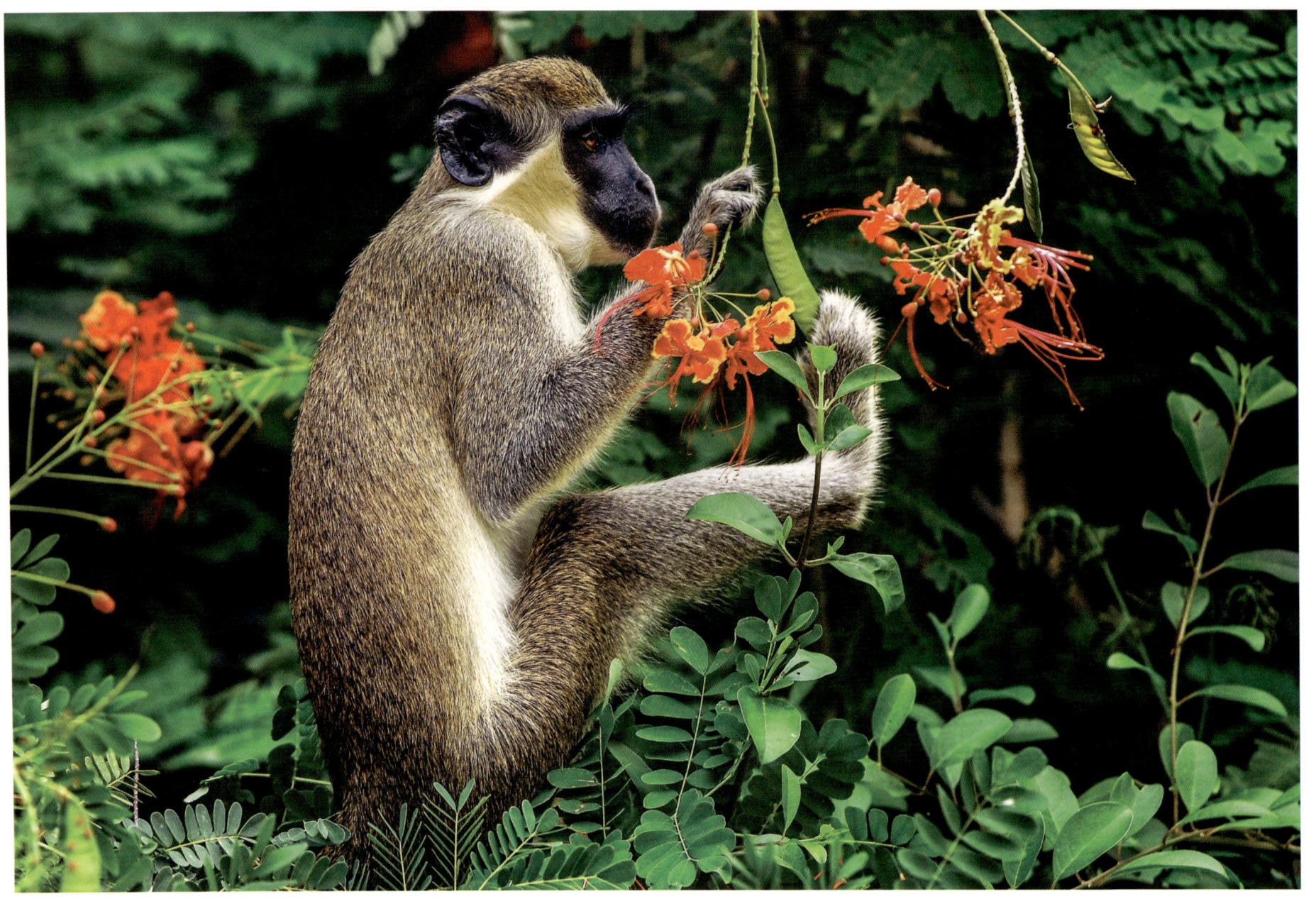

## 붉은 꽃식물을 찾은 녹색원숭이

세네갈의 니오콜로 코바 국립공원에서 녹색원숭이가 붉은 꽃식물의 꼬투리를 채집하고 있다. 붉은색과 녹색을 구분할 줄 아는 영장류 무리의 특별한 능력 덕분에 녀석은 이런 붉은 꽃식물을 좀더 쉽게 찾을 수 있다. 소나 말 따위의 다른 포유류들처럼 붉은색과 녹색을 구분할 줄 모르는 색맹이었다면, 녀석은 이 꽃식물을 찾기 위해 숱한 시행착오를 거듭해야 했을 것이다. © Enrique López-Tapia / naturepl.com,, Green Monkey,, Niokolo Koba National Park, Senegal

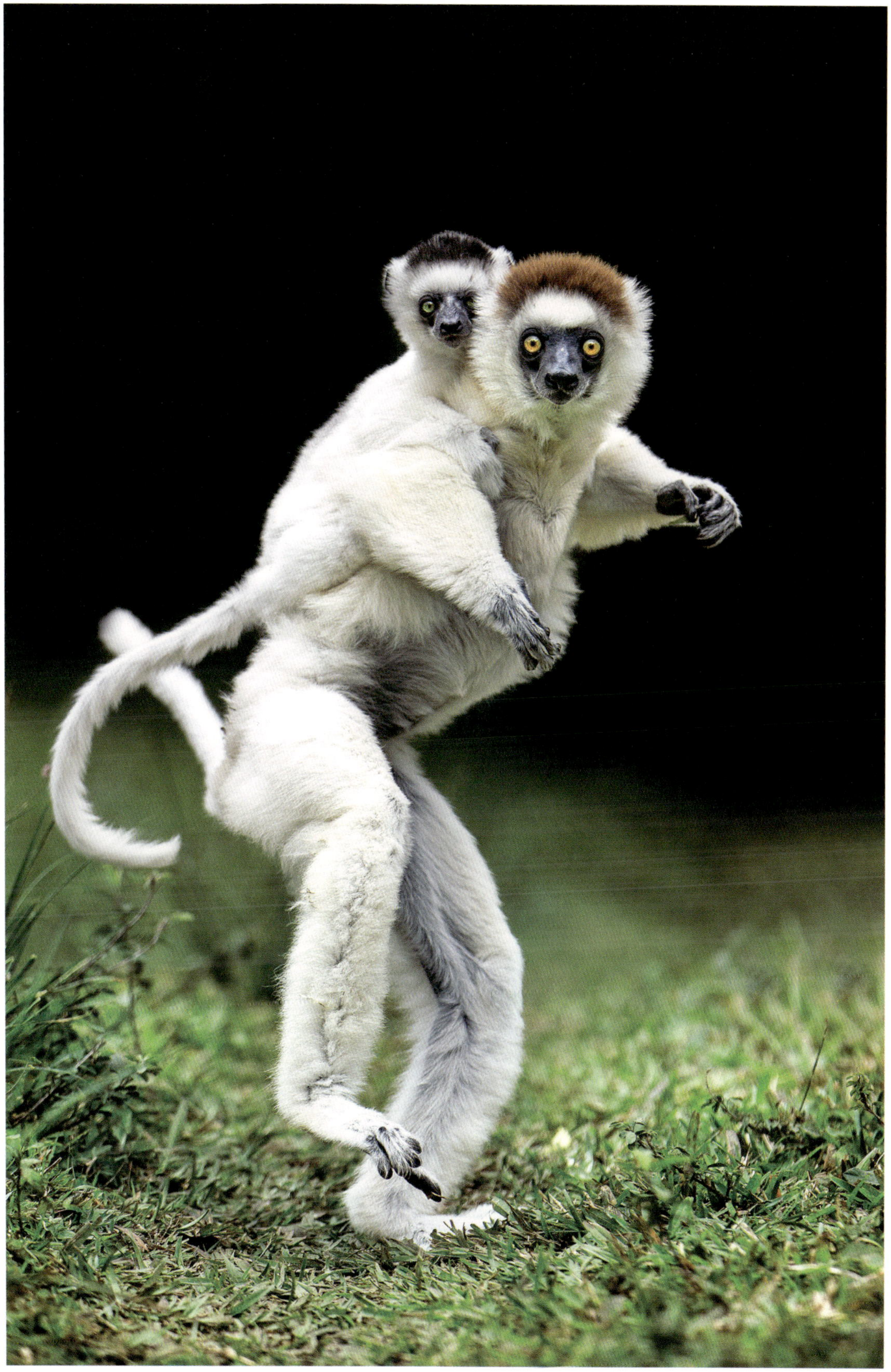

**어정쩡한 자세로 이동하는 베록스시파카**

이래서 "아이를 너무 업어 키우면 안짱다리가 된다"
는 말이 있는 것일까? 마다가스카르 섬에서 새끼를
업은 어미 베록스시파카가 안짱걸음을 걷는 것처럼
어정쩡한 자세로 이동하고 있다. 하지만 녀석의 다
리는 녀석이 나뭇가지를 건너 뛸 때는 공중곡예사의
다리와 조금도 다를 바 없이 힘차게 움직인다. 새끼
베록스시파카는 보통 태어난 지 1개월 정도 지나면
어미의 등에 업혀 다니는데, 이때는 녀석들이 매나
포사와 같은 포식자들로부터 가장 많이 희생당하는
시기이다. © Andy Rouse / naturepl.com,, Verreaux
Sifaka,, Madagascar

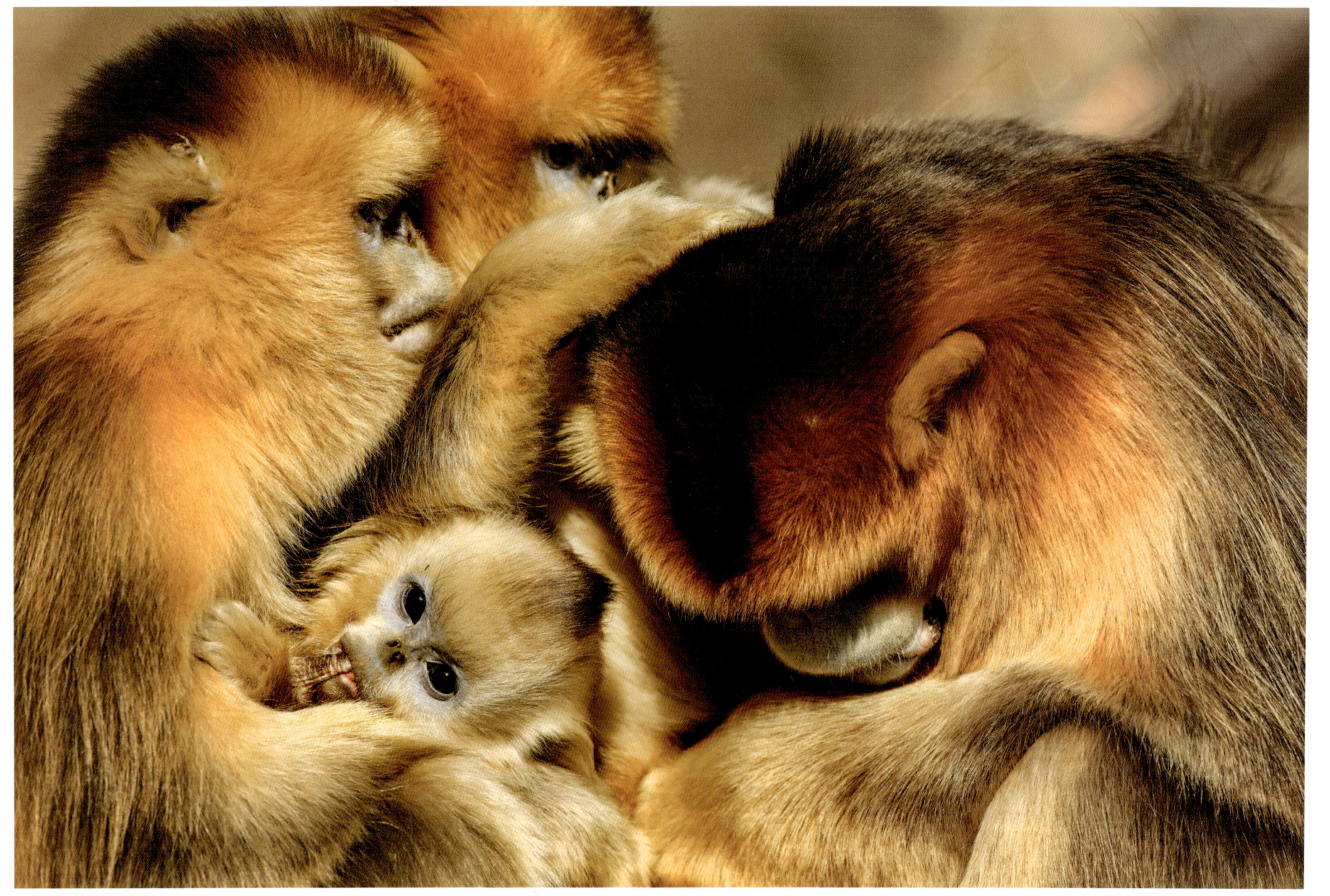

**황금들창코원숭이 무리의 털 고르기**

새끼를 안은 암컷 황금들창코원숭이가 목덜미를 내민 수컷의 털을 골라 주고 있다. 원숭이
사회에서는 흔히 지위가 낮은 녀석이 높은 녀석의 털을 골라주는 경우가 많은데, 황금들
창코원숭이 사회에서는 다수의 암컷을 거느린 수컷이나 용기와 인내심을 발휘하는 수컷
이 좀더 높은 지위를 차지한다. 중국 진령산맥(秦嶺山脈) 일대에서 살아가는 황금들창코
원숭이는 매서운 겨울 날씨에 적응하기 위해 납작한 '들창코'를 개발했다. © Cyril Ruoso
/ Minden Pictures,, Golden Snub-nosed Monkey,, Qinling Mountains, China

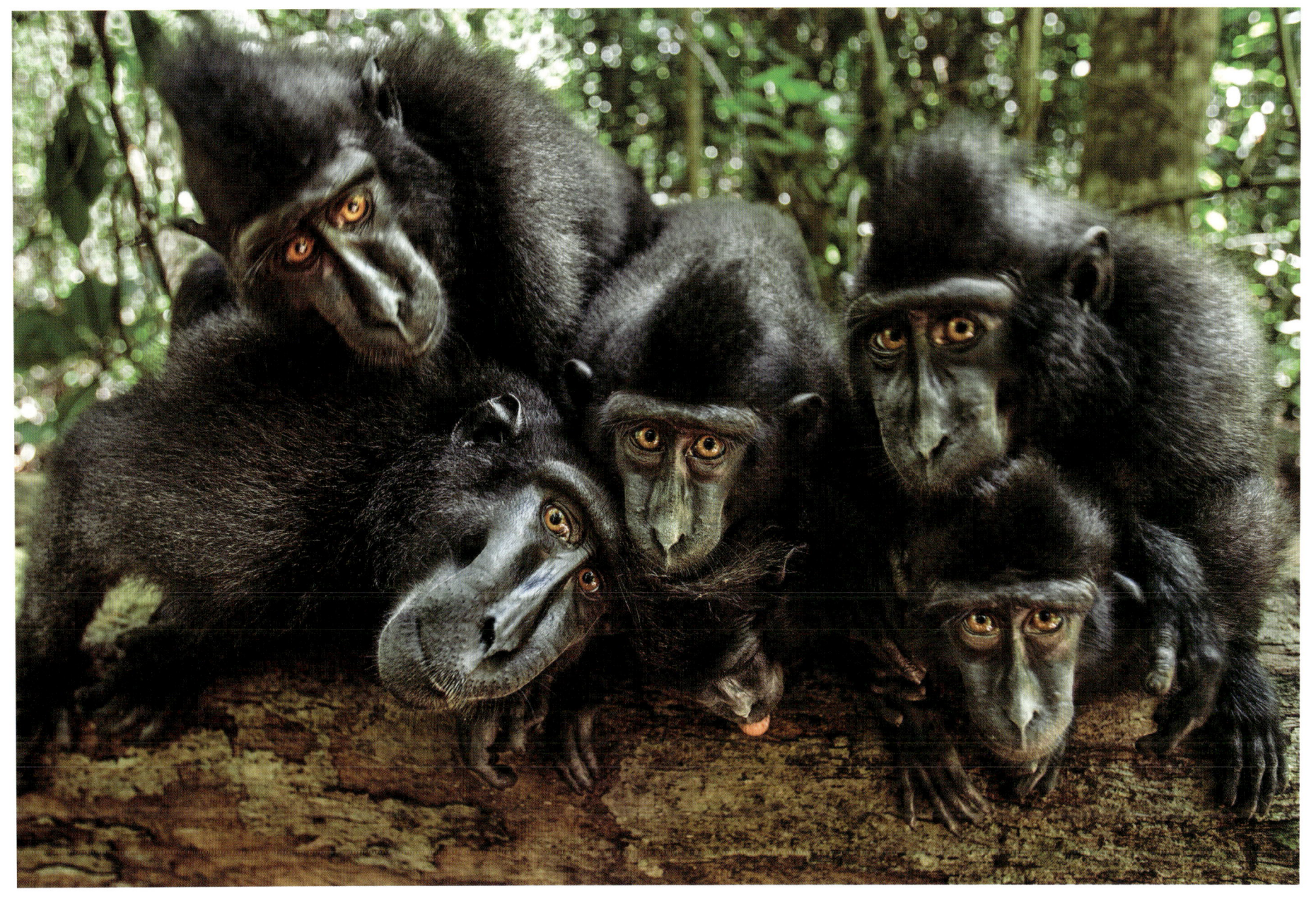

**천진무구한 검둥이원숭이들의 모들뜨기 눈**

인도네시아 술라웨시 섬의 땅꼬꼬 국립공원에서 검둥이원숭이 한 무리가 몰래카메라 사진기를 들여다보고 있다. 무화과를 비롯한 나무 열매를 따먹으며 좀처럼 나무 위에서 내려오지 않는 녀석들도 사진기에 대한 호기심은 어쩔 수 없었던 것 같다. 눈동자가 가운데로 몰린 모들뜨기 눈이 천진무구(天眞無垢)—, 때묻지 않은 순수함으로 가득하다. © Anup Shah / naturepl.com,, Black Crested Macaque,, Tangkoko National Park, Indonesia, April

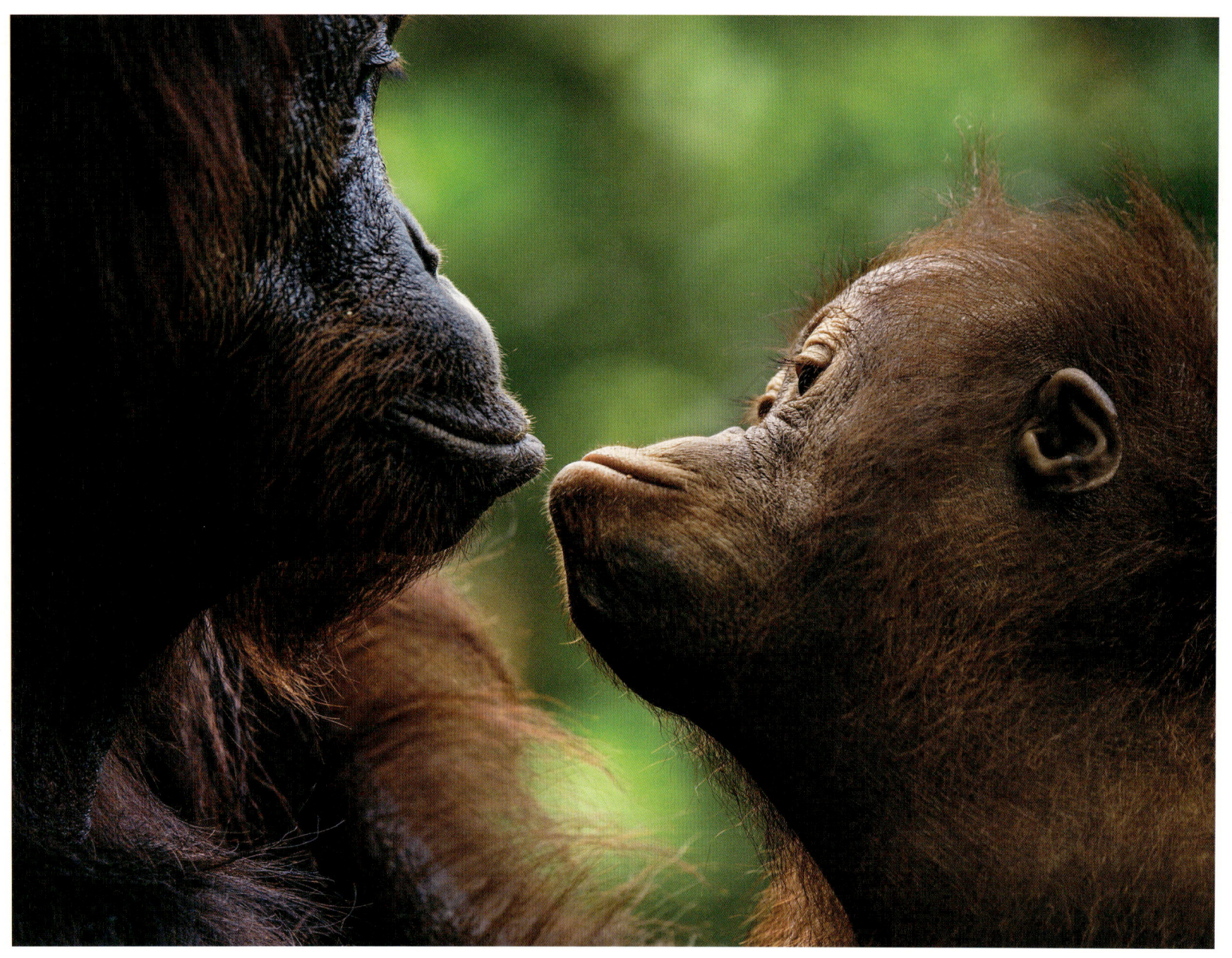

**어미와 새끼 오랑우탄의 뽀뽀**

보르네오 섬의 암컷 오랑우탄들은 영장류는 물론 포유류 중에서도 출산 간격이 가장 길다. 암컷 오랑우탄은 15살 정도에 첫 새끼를 낳고 한번 새끼를 낳은 후에는 평균적으로 8년 정도가 지난 후에 다시 새끼를 가진다. 사진 속의 어미와 새끼 오랑우탄이 이처럼 애틋해 보였던 데는 다 이유가 있었던 것이다. © Mitsuaki Iwago / Minden Pictures,, Bornean Orangutan,, Borneo, Malaysia

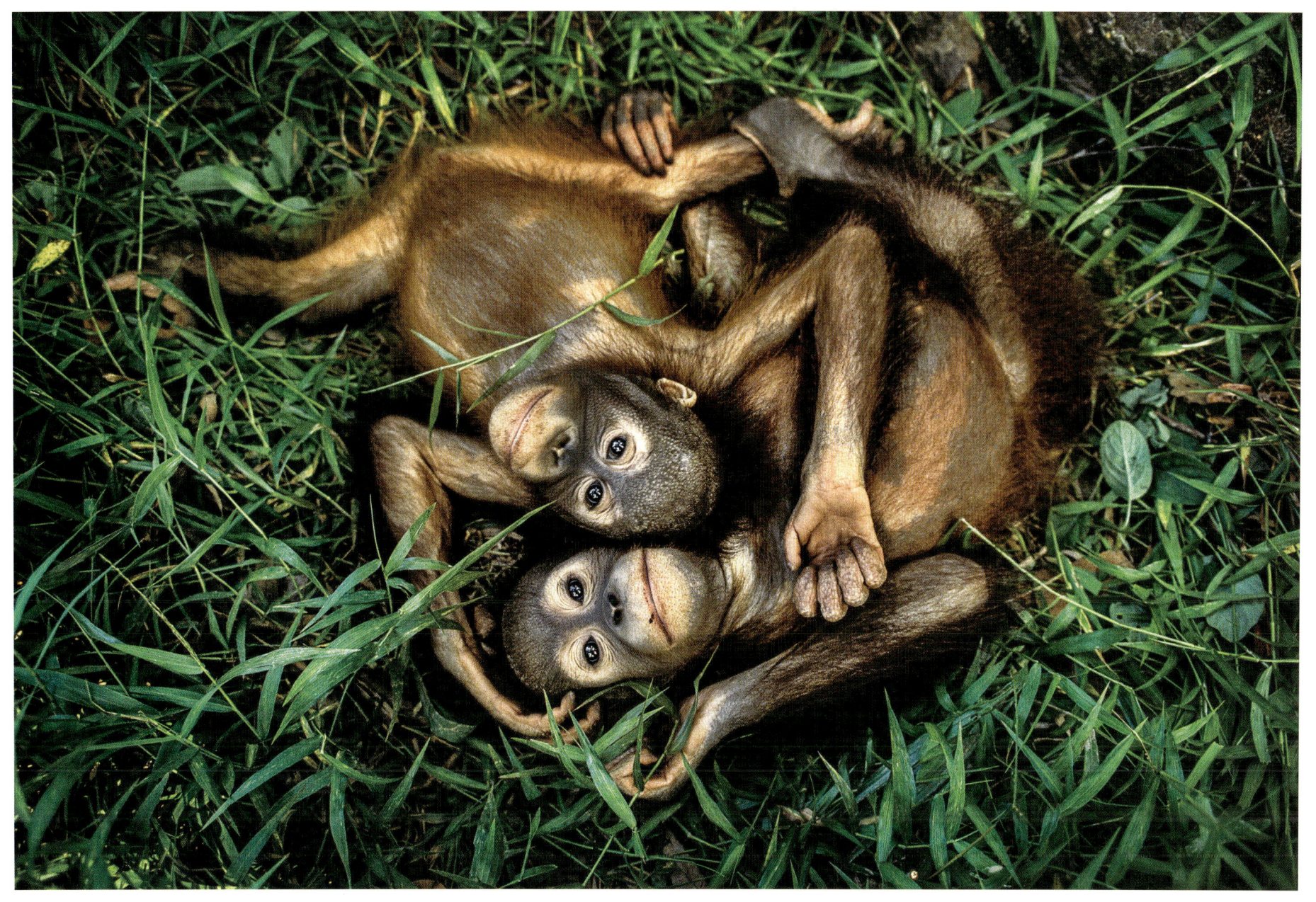

**즐겁게 놀고 있는 새끼 오랑우탄들**

‘안예쁜 신부가 없는’ 것처럼 ‘귀엽지 않은 새끼’도 드물다. 하지만 보르네오 섬의 세필록 오랑우탄 보호구역에서 어울려 즐겁게 놀고 있는 이 고아 오랑우탄들의 앞날은 우울하기만 하다. 녀석들에게는 대물림되어 온 오랑우탄 사회의 지혜로운 생활 방식을 가르쳐 줄 어미가 없기 때문이다. © Frans Lanting / TOPIC/Corbis,, Bornean Orangutan,, Sepilok Forest Reserve, Malaysia

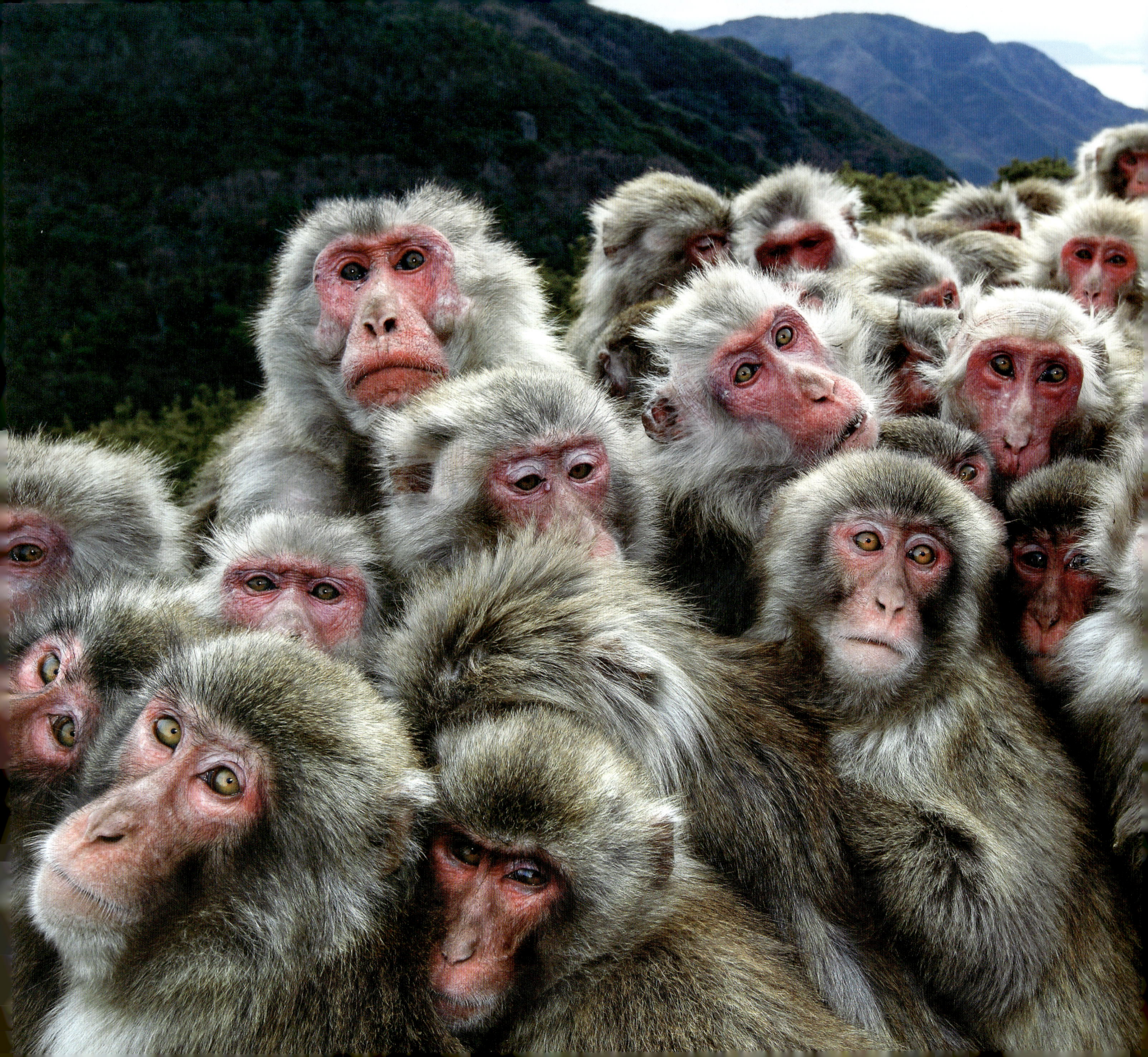

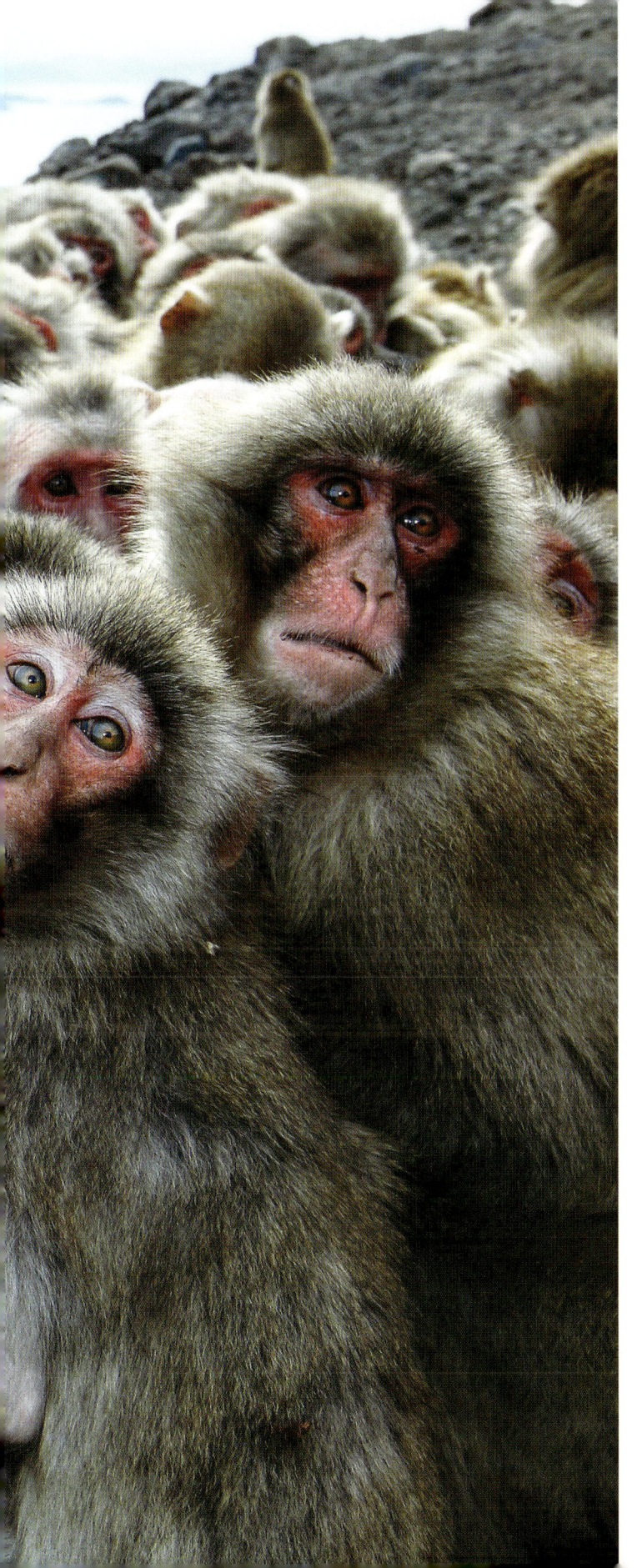

## 일본원숭이 사회의 양보와 배려

서로 양보하고 배려하는 마음 덕분이다. 일본 쇼도시마 섬의 일본원숭이들이 이처럼 몸을 밀착시키고 추위를 이겨낼 수 있는 것은 양보와 배려의 마음을 바탕으로 하는 협력 사회의 전통 덕분이다. 일본원숭이 사회에서는 수컷 우두머리가 짝짓기 기회를 독점하지 않으며 다른 수컷의 새끼를 죽이지도 않는다. 암컷 우두머리 또한 위계질서를 엄격하게 따지지 않는다. © Yukihiro Fukuda / naturepl.com,, Japanese Macaques,, Shodoshima, Japan

# 와일드라이프, 사진전 & 증강현실체험전　WILDLIFE Exhibition & Augmented Reality

## 주최&주관

(주)케이비에스엔 KBS N
서울특별시 마포구 상암동 1652번지 KBS미디어센터
대표전화  02-787-3333
홈페이지  www.kbsn.co.kr
대표이사  박희성
전략사업팀  심현민, 한예지, 신은

(주)원진아이앤씨 / (주)이앤브이커뮤니케이션
서울특별시 종로구 사직로 8길 24
경희궁의아침 2단지 211호
대표전화  02-6263-2620
대표이사  박기덕
이사  노재승
실장  홍예지
전시기획팀  이선경 팀장, 임종수 차장, 백유미 과장, 김태희 대리, 양수진, 유진아
마케팅팀  서웅도 팀장, 박진영 대리, 박진호 대리, 이별라 주임
디자인팀  커뮤니케이션 디젤 이선옥 실장, 김수현 실장

## 제작 투자

미시간벤처캐피탈
서울특별시 강남구 논현동 93번지 대동타워 9층
대표전화  02-3445-1310
홈페이지  www.michiganvc.net
대표이사  조일형
투자책임  손성원

## 만든 사람들

### 제작&기획

총괄 제작 및 감독  박기덕
전시 기획  이선경, 임종수, 백유미, 김태희, 양수진, 유진아
카피라이팅  홍예지
디자인  이선옥, 김수현

### 사진전 컨텐츠 개발

컨텐츠 기획  이상영
섭외 진행  김태희
사진 선정 및 설명문 집필  이상영
디지털 이미징  김만섭
감수  조홍섭(〈한겨레〉 환경전문기자)

### 증강현실 컨텐츠 개발

제작  김용희
감독  박성인

### 전시 협력

전시 디자인  아트몬
티켓 판매  예스24
작품 운송 설치  한솔BBK
홍보 대행  PR게이트
증강현실 영상  솔몬커뮤니케이션즈
아트 상품  한사토이, 커뮤니케이션 디젤
오디오 시스템  엠티시스템코리아
홈페이지  서민지
사진 인화  맥스칼라
프레임 제작  한국아트체인

—

〈와일드라이프, 사진전 & 증강현실체험전〉 개최를 위해
도움을 주신 모든 분들께 깊은 감사를 드립니다.

와일드라이프, 사진전 & 증강현실체험전
**WILDLIFE Exhibition & Augmented Reality**

전시 기간  2014년 3월 22일(토)~5월 25일(일)
전시 장소  세종문화회관 전시관 1층

주최&주관  **KBS N**   W O N J I N   ENV 이앤브이커뮤니케이션

제작 투자  **MICHIGAN** VENTURE CAPITAL

제작 협력  **TMON**   **HNT** 하나투어   **HANSA TOY**   **YES 24 .COM**   ARTMON   SOUMON

후원  **VKC** VISIT KOREA COMMITTEE   한국자연보호연맹   독도중앙연맹   야생생물관리협회   (사)동물보호시민단체카라

미디어 후원  **Daum**

전화 문의  02-6263-2620
공식 홈페이지  www.wildlifekorea.com